超可爱的动物造型帽
Animal Cap & Wear

日本美创出版　编著　　何凝一　译

河北科学技术出版社

目 录

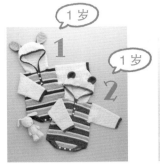

《关于本书作品的尺寸》

* 本书所有作品的尺寸，均如右侧表格所示（作品的尺寸并非以此尺寸为标准，而是根据孩子的头围、身高而定）。不同的设计（包括素材和织片等）多少存在差异，可按个人的喜好稍微紧一些或是松一些。

○儿童参考尺寸

	1岁	2岁	3岁	4岁
身高	75~85cm	85~95cm		95~105cm
头围	46~48cm		49~50cm	

狮子与狐狸的兜帽
P32、33 >>> P34
3~4 岁

2 岁
4 岁

小猫和小熊的背心
P36 >>> P38、58

**青蛙和北极熊
的轻柔针织帽**
P40 >>> P42
3~4 岁

恐龙和斑马的护耳针织帽

P44、45 >>> P46
3~4 岁

**阿伦花样的
猫耳针织帽**
3~4 岁
P48 >>> P50

模特信息

Leia Bartram
○身高……78cm
○头围……47cm

Julia Fujiwara
○身高……94cm
○头围……48cm

Tim De winter
○身高……92cm
○头围……49cm

Arrie Amanuma
○身高……97cm
○头围……50cm

基础教程

♥ 卷缝订缝

1 两片织片的正面（或者反面）相接，将钩针横插入顶端针脚中，逐一挑起。

2 两端来回穿2次，更牢固地缝合起点和终点。然后参照箭头所示，继续逐一挑起缝合。

3 留意线的松紧程度，逐一将每针仔细挑起。

4 卷缝缝合完成后如图。

♥ 短针锁针接缝

 ← ※★处的锁针针数可根据织片的整体平衡调整（此处以锁针2针为例进行解说）

1 织片正面重叠，行间的交接处按照箭头所示插入钩针。

2 针上挂线引拔抽出，织入1针短针。

3 短针钩织完成后如图。接着钩织2针锁针，重复步骤1~3，继续接缝。

4 接缝完成，从正面看如图。

♥ 引拔针锁针接缝

 ← ※★处的锁针针数可根据织片的整体平衡调整（此处以锁针3针为例进行解说）

1 织片正面重叠，行间的交界处按箭头所示插入钩针。

2 针上挂线，按照箭头所示一次性引拔抽出。

3 引拔针钩织完成后如图。接着再钩织3针锁针，重复步骤1~3，继续接缝。

4 接缝完成，从正面看如图。

♥ 配色线的替换方法（平针钩织）

※ 每次替换配色时都无需剪断钩织线，只需暂时停下被替换色线，往上拉（渡线）的同时继续钩织。
※ 用长针钩织织片，A色（粉色）、B色（白色）每两行相互交替，钩织条纹花样为例进行解说。

 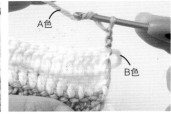 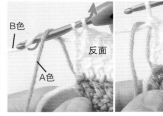 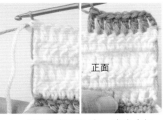

1 用A色（粉色）线钩织2行，暂时停下钩织线。接着用B色（白色）线钩织2行，至第4行，但是用B色线引拔钩织最后的长针时，将之前钩织的B色线由织片正面向反面挂到针上，一次性引拔钩织，完成长针（左图）。引拔钩织后换成A色线（右图）。

2 暂时停下B色线，用A色线钩织第5、6行。第6行最后的长针同样按照步骤1的要领，将钩织线换成B色线。
如此，在引拔钩织最后的针脚、替换钩织线时，将之前一直钩织的钩织线，由织片的正面向反面挂到钩针上。将之后要钩织的线挂到针尖，引拔钩织，完成换线。

3 如果渡线较长时[此处用B色线钩织（白色）钩织4行]，中途在引拔钩织最后的长针时，将渡线（A色）由织片的正面向反面挂到钩针上，然后将之前一直钩织的钩织线（B色）挂到针尖，一次性引拔钩织，完成长针（左图）。渡线夹入中间的钩织行中（右图）。

4 用B色线钩织4行，夹在中间的钩织行中，完成替换钩织线（左图）。如果渡线较长时，钩织线夹在中间的钩织行中，同时往上拉起继续钩织。此时需要注意避免渡线相互缠绕。

重点教程

♥ 绒球的制作方法 5
图例&制作方法…P16 & P18

1 钩织线在厚纸上缠100圈。

2 取出厚纸，钩织线的中心用同色线缠数圈，收紧打结。留着线头，缝到主体上时使用。

3 剪开线束两端的线圈。

4 切口用剪刀修剪整齐，呈球形。绒球（直径6.5cm）完成后如右上图所示。

♥ 圆球的拼接方法

1 钩织至最终行的1行内侧后，将同色线塞入织片中。

2 钩织至最终行后，将终点处的线头穿入缝纫针中，将最终行针脚的外侧半针逐一挑起。

3 钩织线穿入所有针脚中，收紧线头。

4 剩余的线头从收紧的小孔中穿过，藏到圆球中，修剪处理。

♥ 犄角的拼接方法 7
图例&制作方法…P20 & P22、54

1 一圈一圈钩织成环形的犄角顶端，用针尖挑起。

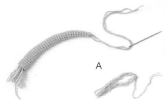

2 准备10根剪成45cm的同色线，线束中心用其他线打结固定（A）。A中打结剩下的线头插入缝纫针中，缝纫针从犄角底部穿到顶端，使线束留在犄角中。

3 将下侧将多余的线头塞入犄角中。

4 顶端的线再穿入犄角顶端的织片中，收紧藏好，线头塞入犄角中，剪断。

5 犄角顶端扭弯成形，缝好固定。

6 犄角完成后如图。分别制作左右两个犄角。

11·12·19·20
图例&制作方法……11、12/ P28、29　19、20/ P44、45 & 11、12/ P30　19、20/ P46

♥ 护耳的拼接方法 ※线束的拼接方法

1 长80cm的钩织线，4根为1针，准备3组（左图）。从织片的反面插入钩针，将对折过的线束挂到钩针上，引拨抽出。最后将线头挂到钩针上，引拨钩织（右图）。

2 按照步骤1，在拼接装饰绳带的3个针脚处分别拼接1组线束。护耳的3组线束拼接完成后如图。

5

♥ **护耳的拼接方法** 　麻花辫的钩织方法

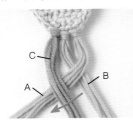

1 首先将A线（粉色）放到B线（黄色）上，重叠交叉。然后将C线（蓝色）放到A线（粉色）上，重叠交叉。接着，将B线（黄色）重叠到C线（蓝色）上，交叉。

2 重复步骤1，继续钩织。如此将两端的钩织线左右交叉放到中央钩织线上方，重叠，继续钩织。

3 步骤1、2中，为了更好地说明钩织线的走向，处理时都比较松散，但实际制作时请按图片所示调整钩织线的松紧程度，保持一致。之后继续钩织。

4 最后将3组线头结成束，按照箭头所示打固定结（左图），线头修剪整齐，完成（右图）。

♥ **老鼠鼻子轮廓的制作方法** **12** 图例&制作方法……P29 & P30

1 在主体的前侧边缘1行处向反面折叠，注意不要影响到正面效果，缝好。

2 缝好后如图。

3 捏住折叠部分的中心，缝合1个针脚，顶端呈鼻尖状。

4 缝好后，老鼠的尖鼻轮廓完成。

♥ **渡线方法** **15·16** 图例&制作方法…P36 & P38、58 ※此处以右前身片为例进行解说

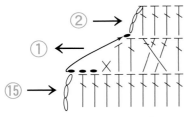

渡线是移动钩织位置时无需剪断线，继续钩织的方法。上面记号图中　即为"渡线"标记。

1 钩织完第1行后，从针脚中取出钩针，拉大针脚线圈，线团从中穿过。

2 拉动线头，收紧。

3 钩针插入拼接钩织线的针脚中，针上挂线后引拨抽出。此时需要注意避免渡线相互缠绕。

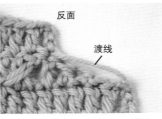
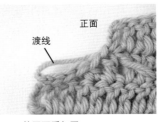

4 引拨抽出钩织线后如图。另外，看着正面向行间渡线时，将织片翻到反面再引拨抽出线。

5 钩织立起的3针锁针，之后将织片翻到反面，继续钩织下一行。

6 第2行钩织完成后如图。从第1行的钩织终点处将钩织线穿引至第2行的钩织起点处。

4 从正面看如图。

第1行

B色
A色

第2行

1 用A色线（粉色）钩织至第1行最后的长针处，然后将钩针插入立起的第3针锁针中。

2 之前钩织的A色线暂时停下，再将B色线（蓝色）挂到钩针上，按照箭头所示引拔钩织。

3 第1行钩织完成，第2行将钩织线换成B色线。

4 用B色线钩织至第2行最后的长针正拉针处时，将钩针插入立起的第3针锁针中。

A色
B色

第4行

反面

5 之前钩织的B色线暂时停下，将第1行停下的A色线挂到钩针上，按箭头所示引拔钩织。

6 第2行钩织完成，第3行换成A色线钩织。

7 按照第1、2行的要领，每行交替钩织线，同时继续钩织。钩织至第4行时如图所示。

8 钩织至第4行，织片的反面如图。交替钩织线，往上拉动的同时继续钩织。

3 2 1 6 5 4

1 钩织至第7行的锁针立起3针处，将上两行针脚1的尾针挑起，织入长长针的正拉针。

2 第1针钩织完成后如图。接着将上两行针脚2的尾针挑起，钩织长长针的正拉针。

3 第2针钩织完成后如图。接着将上两行针脚3的尾针挑起，钩织长长针的正拉针。

4 第3针钩织完成后如图。接着将钩针从之前钩织的3个针脚内侧插入上两行针脚4的尾针中，织入长长针的正拉针。

5 第4针钩织完成后如图。接着将钩针从之前钩织的3个针脚内侧插入上两行针脚5的尾针中，织入长长针的正拉针。

6 第5针钩织完成后如图。接着将钩针从之前钩织的3个针脚内侧插入上两行针脚6的尾针中，织入长长针的正拉针。

7 变化的长长针正拉针右上3针交叉完成。钩织时注意避免针脚相互缠绕，掌握钩织线的松紧度。

8 钩织至第11行后如图。

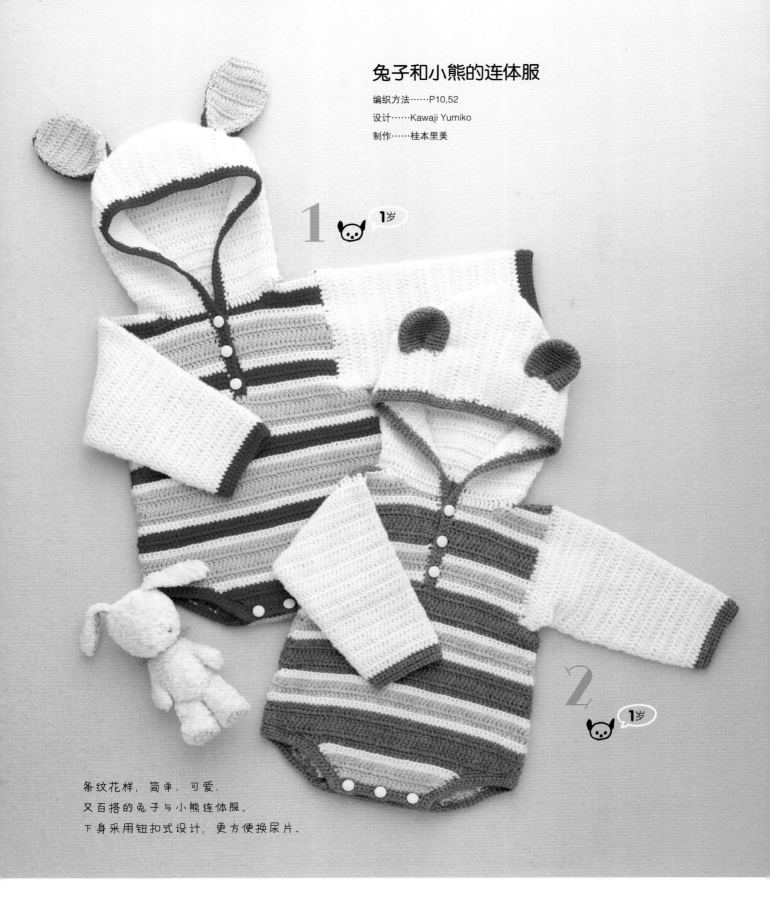

兔子和小熊的连体服

编织方法……P10,52
设计……Kawaji Yumiko
制作……桂本里美

条纹花样、简单、可爱、
又百搭的兔子与小熊连体服。
下身采用钮扣式设计，更方便换尿片。

变身萌宠小兔子！
穿上它，
忍不住要拍照留念。

1、2

兔子和小熊的连体服

图例……P8

♥ 准备材料

1 Richmore Percent/ 本白……130g、
粉色……60g、紫红色……55g
钮扣（直径1.3cm）…6颗

2 Richmore Percent/ 本白……130g、
灰棕色……75g、浅灰色……30g
钮扣（直径1.3cm）…6颗

♥ 针

1.2 钩针5/0号

标准织片（10cm²）

1、2 花样钩织条纹 20针×12.5行
长针 20针×10行

× =短针的棱针

| =长针的棱针

♥ 成品尺寸

1、2 胸围56cm、衣长37.5cm、肩背
宽22cm、袖长24cm

♥ 钩织方法

（1、2相同的钩织方法）

※袖子、帽子、各部分的钩织方法参
照P52、53

1 钩织后身片、各部分：织入18针锁
针起针，然后用条纹花样继续钩织。
［配色线的替换方法参照P4"配色线
的替换方法（平针钩织）"］。

2 钩织前身片、各部分：织入18针锁
针起针，然后用条纹花样继续钩织。
先钩织第1~27行（6行+21行），剩余
的18行分成左右身片继续钩织。

3 订缝肩部：前后身片肩部的△与▲
印记合拢，正面朝外相接，卷针订缝
（参照P64）。

4 钩织袖子：从前后衣身的袖口处挑
针，钩织左右侧的袖子。

5 缝合侧边、袖子：侧边与袖子分
别将织片正面相对相接，用"引拔针
锁针（3针）"的方法订缝缝合（参照
P52与P4"引拔针锁针接缝"）。袖子
与衣身袖口的☆★印记对齐缝合。

6 钩织帽子：从前后领口挑针，钩织
帽子。钩织完成后，用卷针订缝的方
法处理帽子（参照P4）。

7 钩织花边：钩织裆部时，在前后
先钩织花边A，然后花边B左右分开钩
织。接着领口与帽子挑针钩织花边C。
最后在袖口中往复钩织的方法织入花
边D。

8 钩织耳朵：分别钩织耳朵，参照拼
接方法，缝到帽子上。

9 缝钮扣：将钮扣缝到前面领口和裆
部的指定位置。

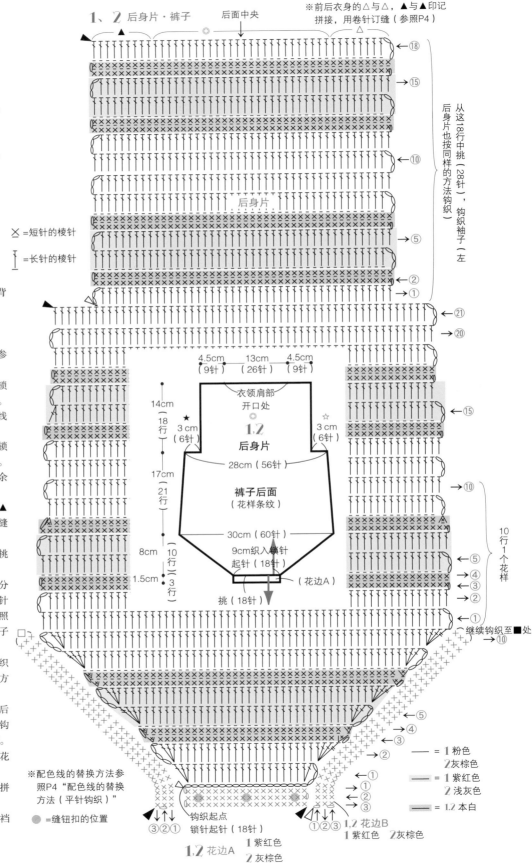

1、2 后身片·裤子　后面中央

※前后衣身的△与△，▲与▲印记
拼接，用卷针订缝（参照P4）

从这18行中挑针（28针），钩织袖子（左
后身片也按同样的方法钩织

后身片

4.5cm（9针）　13cm（26针）　4.5cm（9针）

14cm（18行）　3cm（6针）　衣领肩部开口处　3cm（6针）

1.2

后身片

★3cm（6针）　☆3cm（6针）

17cm（21行）

28cm（56针）

裤子后面（花样条纹）

8cm（10行）

30cm（60针）

1.5cm（3行）

9cm织入锁针起针（18针）（花边A）

挑（18针）

10行1个花样

继续钩织至■处

钩织起点
锁针起针（18针）

※配色线的替换方法参
照P4"配色线的替换
方法（平针钩织）"

● =缝钮扣的位置

1,2 花边A
1 紫红色
2 灰棕色

1,2 花边B
1 紫红色　**2** 灰棕色

— = **1** 粉色　**2** 灰棕色
— = **1** 紫红色　**2** 浅灰色
— = **1.2** 本白

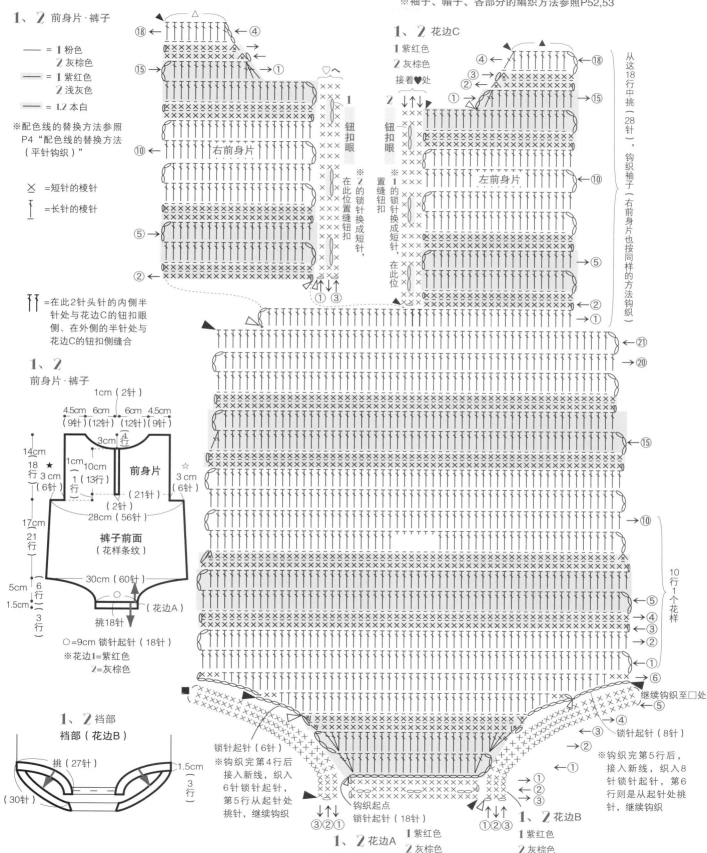

兔子和小狗的垂耳帽

编织方法……P14

设计和制作……Oka Mariko

3 1~2岁

胖乎乎的宝宝
最适合垂耳帽.
耷拉的耳朵
可爱极了.

编织方法简单又可爱的动物帽，无论是织给自家的宝宝，还是送给亲朋好友的宝宝，都是不错的选择。

4

1~2岁

3、4

兔子和小狗的垂耳帽

图例……③/P12、④/P13

♥ 准备材料

③ 和麻纳卡Amerry/灰色…51g、米褐色…12g

④ 和麻纳卡Amerry/黄色…25g、茶色…19g

♥ 针

③、④ 钩针6/0号、7/0号

标准织片（10cm²）

③、④ 长针18针×10行（6/0号）

♥ 成品尺寸

③、④ 头围46cm、深15.5cm

♥ 钩织方法

（除特殊说明外，③、④的方法相同）

1 钩织主体：圆环起针，用长针钩织加针的同时继续钩织13行（6/0号）。接着用短针钩织5行（7/0号）。

2 钩织耳朵：作品③的内耳织入5针锁针起针，钩织19行。外耳则是织入7针锁针，钩织19行。内耳正面朝外，外耳正面朝内相对合拢，两块重叠，将内耳侧置于内侧，两块一起挑针，用灰色织入1行花边，缝合两块织片。以此方法制作两只耳朵。

作品④先钩织锁针7针起针，然后织入7行。如此钩织4块，外耳正面相对、内侧正面朝外相对，2块重叠，内耳置于内侧，两块一起挑针，钩织1行花边，2块缝合。以此方法制作两只耳朵。

3 完成：耳朵的♥侧缝到主体的指定位置。

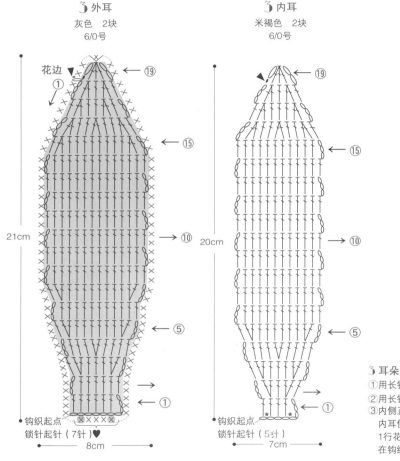

③ 外耳
灰色 2块
6/0号

花边 ▼
① 　 ← ⑲
← ⑮
← ⑩
→ ⑤
← ①
钩织起点
锁针起针（7针）♥
— 8cm —
21cm

③ 内耳
米褐色 2块
6/0号

▲ ・ ← ⑲
← ⑮
→ ⑩
→ ⑤
← ①
钩织起点
锁针起针（5针）
— 7cm —
20cm

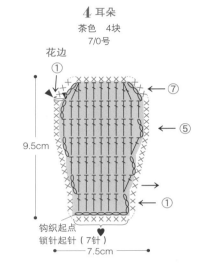

④ 耳朵
茶色 4块
7/0号

花边
① 　 ← ⑦
← ⑤
→
← ①
钩织起点
锁针起针（7针）
— 7.5cm —
9.5cm

④ 耳朵的编织方法

① 钩织◯部分，共4块。

② 把步骤①钩织的2块与外耳正面相对，与内耳正面朝外相对重叠，内耳侧置于内侧，两块一起挑针，钩织1行花边（×），两块缝合。以此方法制作两只耳朵。

③ 耳朵的编织方法

① 用长针钩织19行内侧。

② 用长针钩织外耳的◯部分，共19行。

③ 内侧正面朝外、外耳正面相对合拢，两块重叠，内耳侧置于内侧，两块一起挑起，用灰色线钩织1行花边，两块缝合。
在钩织⊗的针脚时，将内耳的★部分挑起钩织。

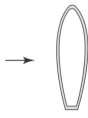

③ 拼接

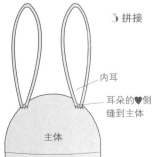

内耳
耳朵的♥侧缝到主体
主体

④ 拼接方法

内耳
正面
主体
耳朵的♥侧缝到主体

外耳
反面

3、4 主体

（长针）6/0号

13cm
（13行）

46cm（84针）

（短针）7/0号

2.5cm
（5行）

3、4 主体配色表

行数	3	4	号数
第1~13行	灰色	黄色	6/0号
第14~18行		茶色	7/0号

3、4 主体针数表

	行数	针数	加针
短针	14~18	84	
	9~13	84	
长针	8	84	+ 12
	7	72	
	6	72	+ 12
	5	60	+ 12
	4	48	+ 12
	3	36	+ 12
	2	24	+ 12
	1	12	

3、4 主体

※ 配色·钩针的号数参照主体配色表

后侧

（）＝拼接3耳朵的位置

（）＝拼接4耳朵的位置

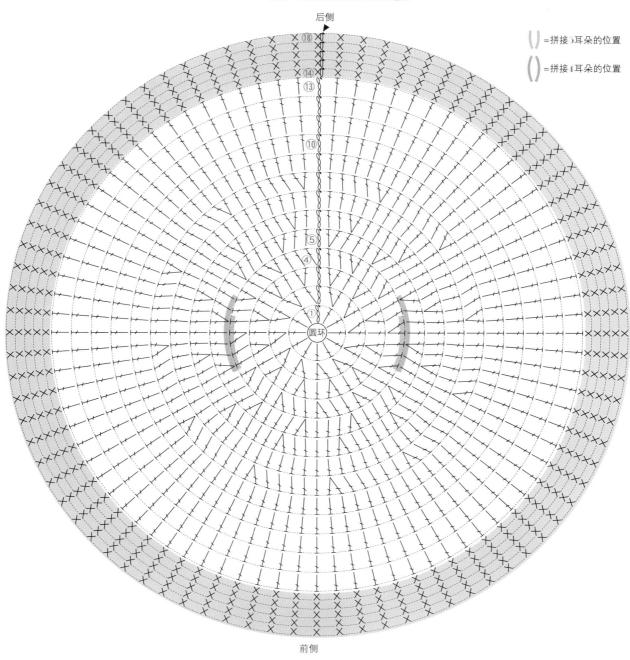

圆环

前侧

小熊和花栗鼠尖头帽

编织方法和重点教程······P18 &作品5/ P5
设计······河合真弓
制作······栗原由美

尖溜溜的外形，
从任何一个角度看起来都非常可爱。
活泼好动的宝宝，
可以用绳带或钮扣
在颈部稍加固定。

1~2岁

5

绒球制作的小熊耳朵，
怎么看都觉得欢乐无比。

6

1~2岁

宛如从树林中
窜出来的花栗鼠，
颈部的钮扣圈
利用针脚制作，
可以根据宝宝的情况调整。

用棱针表现出
花栗鼠的斑纹。
采用两色混合的编织线，
搭配出更生动活泼的颜色。

5、6

小熊和花栗鼠尖头帽

图例和重点教程……5/ P16、6/P17和5/P5

♥ 准备材料

5 奥林巴斯 MakeMake Cocotte/ 蓝色混合……65g
厚纸（宽7.5cm）……1块

6 奥林巴斯 MakeMake Cocotte / 米褐色混合……
37g、茶色混合……20g
钮扣（直径2cm）……1颗

♥ 针

5、6 钩针6/0号
♥ 标准织片（10cm²）
5、6 花样编织 17.5cm×10.5行
♥ 成品尺寸
5、6 脸部周长 47cm
♥ 钩织方法

（除特殊说明外，5、6的编织方法相同）

1 钩织主体：用锁针钩织44针起针，然后开始钩织花样。在头部后面中心进行加针，同时按照图示方法钩织。钩织完成后，正面朝外相对合拢，中心对折，最终行用卷针缝合的方法进行订缝。（参照P4）

2 钩织花边：先在脸部周围钩织花边，再在颈部周围钩织花边。

3 完成：5制作（参照P5）绳带、绳带装饰（圆球）、绒球（耳朵），缝到主体。6钩织钮固定扣、耳朵，耳朵参照下图"耳朵的拼接方法"，分别缝到主体上。钮扣缝到颈部左前侧。

5、6 主体

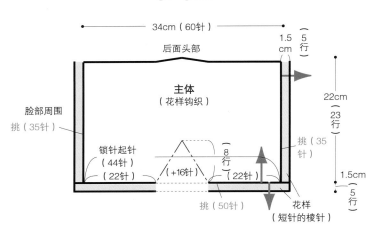

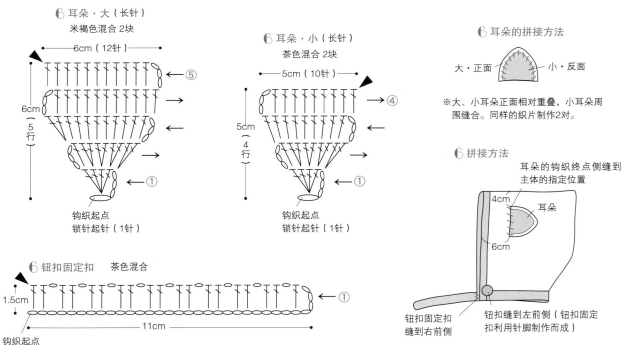

6 耳朵·大（长针）
米褐色混合 2块

6 耳朵·小（长针）
茶色混合 2块

6 耳朵的拼接方法

※大、小耳朵正面相对重叠，小耳朵周围缝合。同样的织片制作2对。

6 拼接方法

6 钮扣固定扣　茶色混合

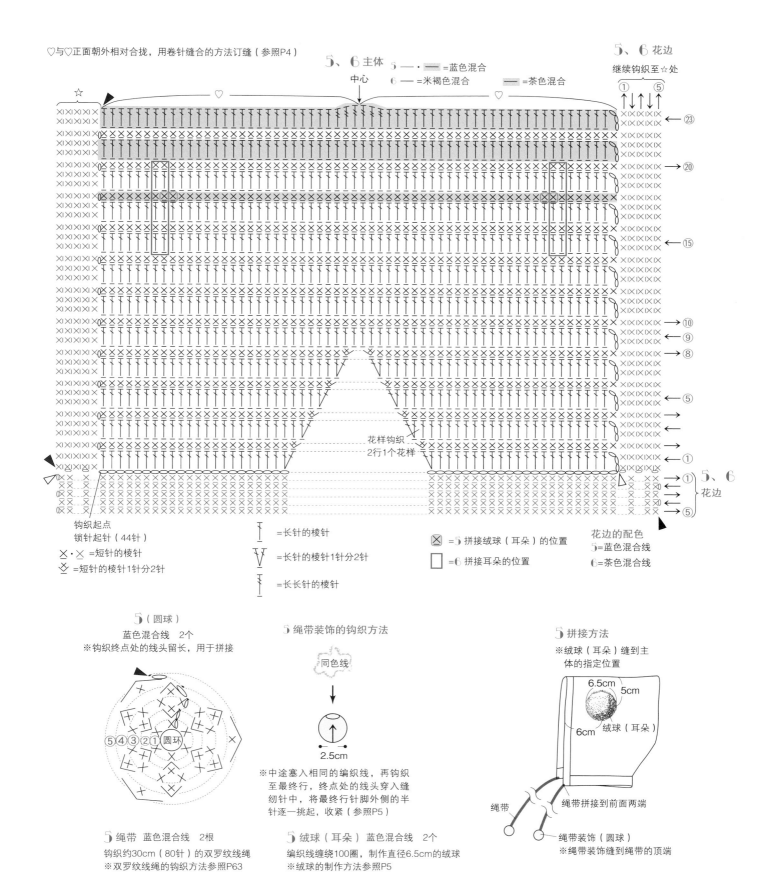

♡与♡正面朝外相对合拢，用卷针缝合的方法订缝（参照P4）

5、6 主体
中心
5 —·—■ =蓝色混合
6 —— =米褐色混合   ■ =茶色混合

5、6 花边
继续钩织至☆处

钩织起点
锁针起针（44针）

⊠·⊠ =短针的棱针
⊠ =短针的棱针1针分2针

丁 =长针的棱针
V =长针的棱针1针分2针
干 =长长针的棱针

⊠ =5 拼接绒球（耳朵）的位置
□ =6 拼接耳朵的位置

花样钩织
2行1个花样

5、6 花边

花边的配色
5=蓝色混合线
6=茶色混合线

5（圆球）
蓝色混合线 2个
※钩织终点处的线头留长，用于拼接

5绳带装饰的钩织方法
同色线
2.5cm
※中途塞入相同的编织线，再钩织至最终行，终点处的线头穿入缝纫针中，将最终行针脚外侧的半针逐一挑起，收紧（参照P5）

5拼接方法
※绒球（耳朵）缝到主体的指定位置
6.5cm 5cm
6cm 绒球（耳朵）
绳带拼接到前面两端
绳带
绳带装饰（圆球）
※绳带装饰缝到绳带的顶端

5绳带 蓝色混合线 2根
钩织约30cm（80针）的双罗纹线绳
※双罗纹线绳的钩织方法参照P63

5绒球（耳朵）蓝色混合线 2个
编织线缠绕100圈，制作直径6.5cm的绒球
※绒球的制作方法参照P5

19

绵羊与兔子的带帽斗篷

编织方法和重点教程……P22、54&作品7/ P5
设计……Oka Mariko
制作……安河内奈美子

蜷曲的羊角与直立的兔子耳朵，
漂亮个性的斗篷。
变换编织线的粗细和钩针的号数，
钩织适合2岁与4岁儿童使用的款式.

7
2岁

4岁
8

脱下帽子，
可以随意搭配的
自然原色斗篷。

变身可爱的小动物，
看小伙伴的脸上
露出笑颜。

7、8

绵羊与兔子的带帽斗篷

图例和重点教程……P20和7/ P5

♥ 准备材料

7 奥林巴斯 MakeMake Whip/ 本白…179g、Make Make Cocotte/米褐色混合…17g

钮扣（直径2cm）…1颗

8 奥林巴斯 MakeMake Nature/ 灰色…220g、本白…6g

钮扣（直径2.2cm）…1颗

♥ 针

7 钩针7/0号、8/0号

8 钩针10/0号

♥ 标准织片（10cm²）

7 花样钩织 16针×11行

8 花样钩织15针×10行

♥ 成品尺寸

7 领口36.5cm、下摆85.5cm、长25cm

8 领口38.5cm、下摆90.5cm、长27cm

♥ 钩织方法

（除特殊说明外，7、8的编织方法相同）

※主体的钩织方法、8各配件的钩织方法、拼接方法参照P54、55

1 钩织主体和帽子：主体部分织入127针锁针起针，再进行钩织花样（主体的钩织方法参照P54、55）。从第8行开始进行分散减针，按照图示方法钩织。主体钩织完成后接着从主体的最终行挑针，继续钩织帽子。帽子钩织完成后，将◇

与◇正面朝外相对合拢，中心对折，最终行用卷针缝合的方法订缝（参照P4）。

2 钩织花样：花边部分，在主体的下摆处接线，主体与帽子钩织1圈，接着再钩织5行。

3 钩织部分：钩织7的边角与颈部带扣。参照边角拼接（8各部分的编织方法与拼接方法参照P54、55）

4 拼接：参照各部分的拼接方法，缝合主体、帽子，再将钮扣缝到左侧颈部。

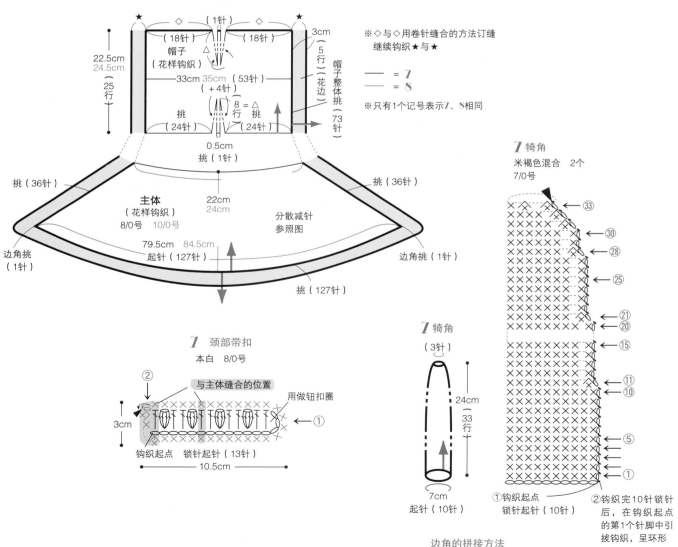

7、8 主体·帽子

后面头部

※◇与◇用卷针缝合的方法订缝
继续钩织★与★

—— = 7
—— = 8

※只有1个记号表示7、8相同

7 颈部带扣
本白　8/0号

与主体缝合的位置
用做钮扣圈
3cm
钩织起点　锁针起针（13针）
10.5cm

7 犄角
米褐色混合　2个
7/0号

7 犄角
（3针）
24cm（33行）
7cm
起针（10针）

①钩织起点
锁针起针（10针）

②钩织完10针锁针后，在钩织起点的第1个针脚中引拔钩织，呈环形

边角的拼接方法
※钩织完边角后，参照P5"边角的拼接方法"进行拼接

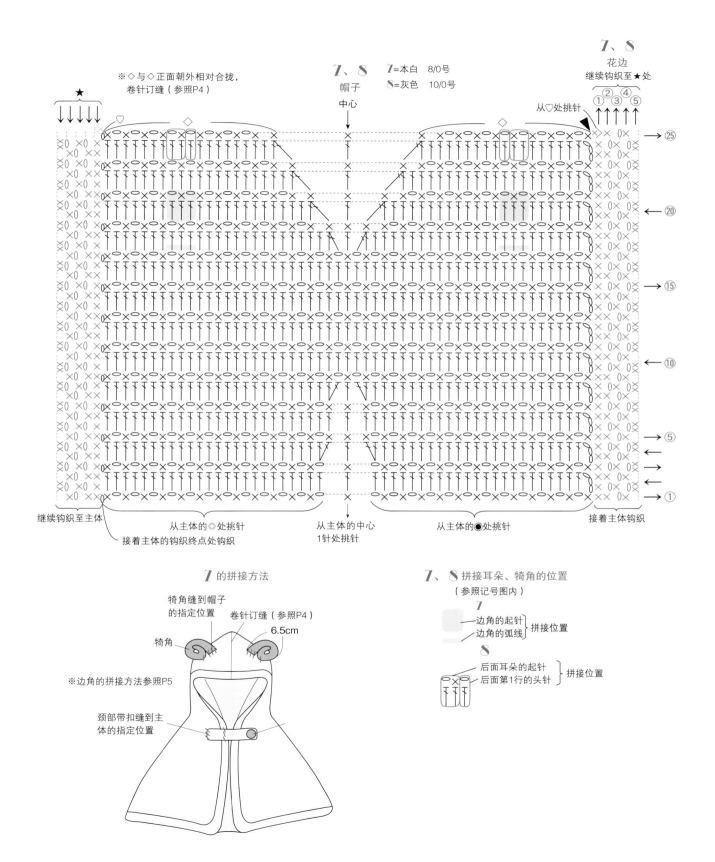

长颈鹿与驯鹿的犄角针织帽

编织方法……P26

设计和制作……今村曜子

9

1~2岁

男孩女孩
都适用的长颈鹿针织帽。
戴上如此可爱的帽子，
外出时，
不想引人关注都不行呢。

把长颈鹿的犄角换成
驯鹿的针织帽。
圣诞季到来时给宝宝织一顶，
宝宝肯定相当喜欢哦。

10

1~2岁

9、10

长颈鹿与驯鹿的犄角针织帽

图例……9/ P24、10/P25

♥ 准备材料

9 奥林巴斯 Milky Kids/ 黄色…100g、茶色…25g 填充棉…适宜

10 Richmore Stamet Weed/ 米褐色系混合…60g、Stame/ 本白…15g 填充棉…适量

♥ 针

9、10 钩针8/0号

♥ 标准织片（10cm²）

9、10 短针13.5针·17行

♥ 成品尺寸

9、10 头围48cm、深16cm

♥ 钩织方法

（除特殊说明外，9、10的编织方法相同）

※ 9均用2股线钩织

1 钩织整体：钩织圆环起针，用短针进行加针的同时钩织28行。

2 钩织耳朵：钩织圆环起针，用短针进行加针的同时钩织13行。制作褶皱，拼接到耳朵的底侧，缝好。

3 钩织犄角：9进行圆环起针，用短针加减针的同时钩织13行。填充棉先塞入织片中。10中犄角A、B都进行圆环起针，然后用短针分别钩织指定的行数。再分别塞入填充棉，参照"犄角的拼接方法"，进行整理拼接。

4 钩织条纹（仅9）：钩织圆环起针，再用短针织入4行。

5 拼接：9将耳朵的♥侧、犄角的♡侧缝到主体。花样缝到前侧，注意整体平衡。10将耳朵的♥侧、犄角的♡侧缝到主体。

9、10 耳朵 各2个

9=黄色2股线
10=米褐色系混合

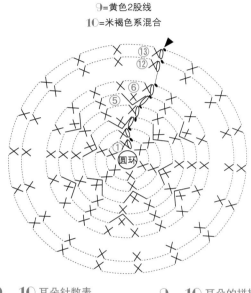

10 犄角A

本白 2个

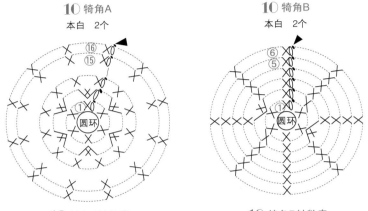

10 犄角B

本白 2个

10 犄角A针数表

行数	针数	加针数
3~16	12	
2	12	+6
1	6	

10 犄角B针数表

行数	针数	加针数
3~6	8	
2	8	+2
1	6	

9、10 耳朵针数表

行数	针数	加针数
6~13	18	
5	18	+6
4	12	
3	12	+6
2	6	
1	6	

9、10 耳朵的拼接方法

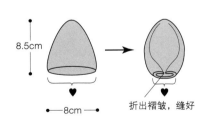

8.5cm

8cm

折出褶皱，缝好

10 犄角的拼接方法

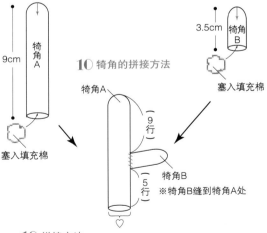

9cm 犄角A

3.5cm 犄角B

塞入填充棉

犄角A

（9 行）

犄角B

（5 行）

※犄角B缝到犄角A处

9 拼接方法

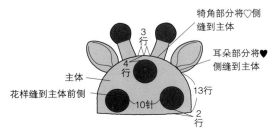

犄角部分将♡侧缝到主体

耳朵部分将♥侧缝到主体

主体

花样缝到主体前侧

3 行

4 行

13行

10针

2 行

10 拼接方法

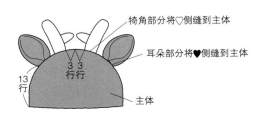

犄角部分将♡侧缝到主体

耳朵部分将♥侧缝到主体

主体

3 3 行行

13 行

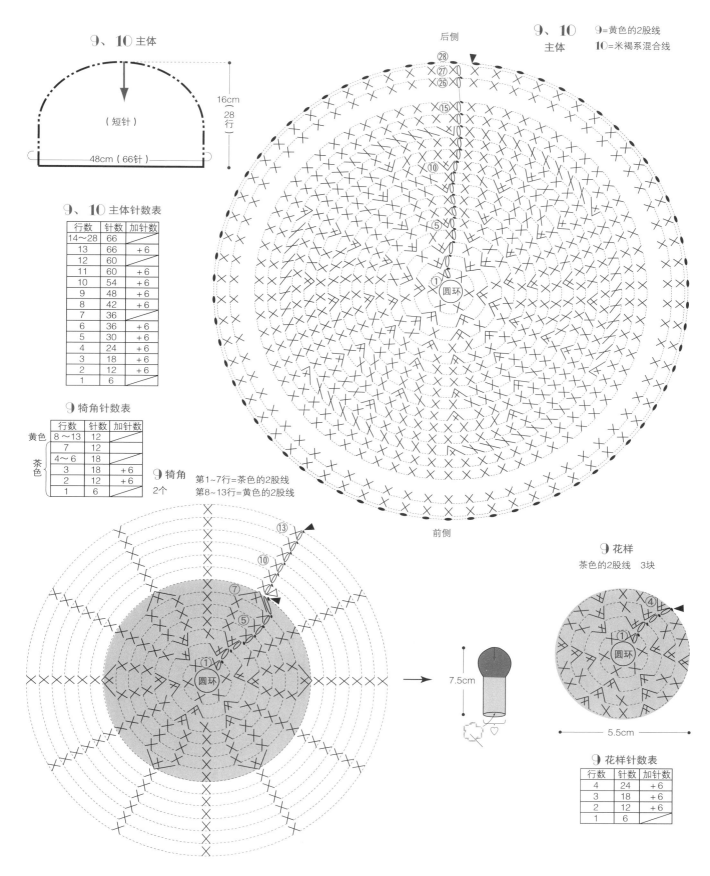

9、10 主体

(短针)

16cm
28行

48cm (66针)

9、10 主体针数表

行数	针数	加针数
14～28	66	
13	66	+6
12	60	
11	60	+6
10	54	+6
9	48	+6
8	42	+6
7	36	
6	36	+6
5	30	+6
4	24	+6
3	18	+6
2	12	+6
1	6	

9 犄角针数表

	行数	针数	加针数
黄色	8～13	12	
	7	12	
茶色	4～6	18	
	3	18	+6
	2	12	+6
	1	6	

9 犄角
2个

第1~7行=茶色的2股线
第8~13行=黄色的2股线

9、10 主体

9=黄色的2股线
10=米褐系混合线

后侧

前侧

7.5cm

9 花样
茶色的2股线　3块

5.5cm

9 花样针数表

行数	针数	加针数
4	24	+6
3	18	+6
2	12	+6
1	6	

带护耳的针织帽,
寒冷的日子也能温暖头部。
大象款针织帽的大耳朵相当惹眼。

11

1~2岁

大象和老鼠的
护耳针织帽

编织方法和重点教程……P30 & P56
设计和制作……藤田智子

伫立的耳朵突显可爱的
老鼠针织帽。
特意设计出老鼠的鼻子轮廓，
让头部前端稍微尖一些。

12

1~2岁

11、12

大象和老鼠的护耳针织帽

图例和重点教程……11/P28、12/P29&P5、6

♥ 准备材料

11 和麻纳卡 Alan Tweed/ 灰色…75g、粉色…3g、Fourply/ 浅灰色…14g

12 和麻纳卡 Warmy/浅咖啡色…94g、紫色…10g

♥ 针

11 钩针7/0号、10/0号

12 钩针6/0号、7/0号、10/0号

♥ 标准织片（10cm²）

11、12 短针 10针×11.5行

♥ 成品尺寸

11、12 头围48cm、深14cm

♥ 钩织方法

（除特殊说明外，11、12的编织方法相同）

1 钩织主体：钩织圆环起针，加针至第8行，然后无加减针钩织第9~16行（用2股线钩织）。

2 钩织护耳：在主体第16行的指定位置接入新线，在左右分别钩织护耳。接入新线，在左右护耳周围分别钩织1行花边（护耳和花边均用2股线钩织）。

3 钩织绳带饰品：4根长80cm的编织线为1组，各准备3组（一只耳朵3组，左右共6组）。在护耳花边拼接绳带装饰位置的1针短针中，按要领（参照P5）分别拼接1组流苏。拼接好的线束编

织成麻花瓣（参照P6），用做左右的护耳。

4 制作鼻子的轮廓（仅12）：12参照P6的"老鼠鼻子轮廓的制作方法"，制作老鼠鼻子的轮廓。

5 钩织耳朵：**11**右前耳、左后耳参照耳朵A的编织图用指定的配色钩织，右后耳、右前耳参照耳朵B的编织图，用指定的配色钩织。右前后耳、左前后耳分别正面朝外相对合拢，最终钩织一圈后卷针订缝（参照P4）。**12**按照颜色和号数替换钩织前后耳朵，参照"耳朵的拼接方法"钩织拼接。

6 拼接完成：**11**将耳朵的☆印记部分缝到主体。**12**将耳朵缝到主体。

11、12 主体·护耳·花边

11=灰色&浅灰色的2股线　10/0号

12=浅咖啡色的2股线　10/0号

● =拼接绳带装饰的位置

护耳　花边　后面中心

← ⑯
← ⑮
← ⑭
← ⑬
← ⑫
← ⑪
← ⑩
← ⑨（48针）

⑧⑦⑥⑤④③②① 圆环

主体

11、12 绳带装饰的制作方法

11=灰色线 4根1组，共6组

12=浅咖啡色线 4根1组，共6组

① 长80cm的编织线4根1组，分别准备3组（一只耳朵3组，左右共6组）。

② 在护耳花边拼接绳带装饰位置的1针短针中，按要领分别拼接1组流苏（参照P5"线束的拼接方法"）。

③ 拼接好的线束编织成麻花瓣（参照P6"麻花瓣的钩织方法"）。此即左右护耳。

11、12 主体针数表

行数	针数	加针数
9~16	48	
8	48	+6
7	42	+6
6	36	+6
5	30	+6
4	24	+6
3	18	+6
2	12	+6
1	6	

11、12 主体·护耳

（短针）2股线　10/0号

钩织起点

前侧　后侧

主体

14cm（16行）

48cm（48针）

（8针）　10cm（11针）　（5针）

挑（7针）　护耳 3cm（3针）　挑（7针）

7cm（8行）

花边（短针）　1cm（1行）

挑（3针）

11 耳朵A　7/0号

右前耳 —=粉色　——=灰色　1股线　1块
左后耳 —・—=灰色　1股线　1块

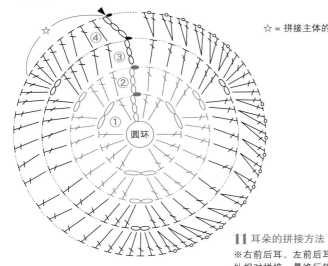

☆ = 拼接主体的位置

11 耳朵B　7/0号

右后耳 —・—=灰色　1股线　1块
左前耳 ——=粉色　——=灰色　1股线　1块

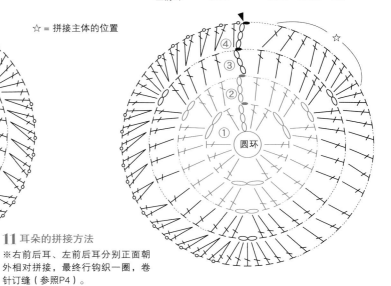

11 耳朵的拼接方法

※右前后耳、左前后耳分别正面朝
外相对拼接，最终行钩织一圈，卷
针订缝（参照P4）。

12 耳朵

前侧　紫色　1股线　6/0号　2块
后侧　浅咖啡色　1股线　7/0号　2块

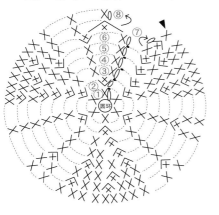

12 耳朵的针数表

行数	针数	加针数
8	34	
7	34	+ 4
6	30	+ 6
5	24	+ 6
4	18	+ 3
3	15	+ 3
2	12	+ 6
1	6	

12 耳朵的拼接方法

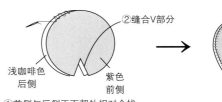

②缝合V部分

浅咖啡色
后侧

紫色
前侧

①前侧与后侧正面朝外相对合拢，
最终行卷针订缝（参照P4）

11 拼接方法

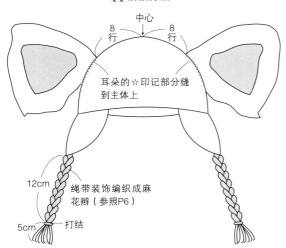

中心
8行　8行
耳朵的☆印记部分缝
到主体上
12cm
绳带装饰编织成麻
花辫（参照P6）
5cm　打结

12 拼接方法

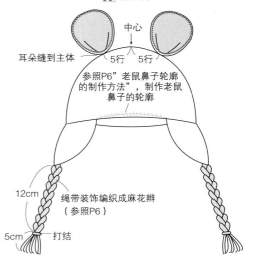

中心
5行　5行
耳朵缝到主体
参照P6"老鼠鼻子轮廓
的制作方法"，制作老鼠
鼻子的轮廓
12cm
绳带装饰编织成麻花辫
（参照P6）
5cm　打结

31

狮子和狐狸的兜帽

编织方法……P34

设计和制作……今村曜子

3~4岁

13

不用太在意尺寸，
大而温暖的兜帽形针织帽。
百兽之王的狮子造型，
小朋友戴上后，
也能变成可爱的小狮子哦。

丝缎线的质感，
完全就像小狐狸柔软的绒毛。
是一款触感舒适的作品。

14

3~4岁

13、14

狮子和狐狸的兜帽

图例……13/P32、14/P33

♥ 准备材料

13 和麻纳卡 Mens Club Master/ 米褐色…75g、
Lupo<Animale>/茶色系混合…30g

14 和麻纳卡 Lunamole/红茶色…90g、白色…10g、黑
色…5g

♥ 针

13、14 钩针8/0号

♥ 标准织片（10cm²）

13、14 花样钩织 13.5cm×11行

♥ 成品尺寸

13 头围52cm、颈围38cm

14 头围54cm、颈围37cm

♥ 钩织方法

（除特殊说明外，13、14的编织方法相同）

1 钩织主体：13织入70针锁针起针，用花样钩织15行。
从钩织起点侧挑针，钩织7行花边。★与★印记正面朝
外相对合拢，卷针订缝（参照P4）。14织入70针锁针
起针，然后用花样钩织的方法织入19行。钩织至最终行
后，将★与★印记正面朝外相对合拢，卷针订缝（参照
P4）。在脸部周围、颈部周围织入1行花边。

2 钩织耳朵：13织入圆环起针，然后用短针钩织8行。
14的内耳、外耳均是用2针锁针起针，然后用短针织入
10行。内耳与外耳正面朝外相对合拢重叠，内耳侧置于
内侧，钩织1行花边。内耳的♥侧折叠出褶皱，缝好。

3 钩织绳带：13的绳带部分织入43针锁针，顶端的绳带
装饰参照图钩织拼接。14织入45针锁针。

4 拼接完成：耳朵的♥侧缝到主体的指定位置，绳带也
缝到主体的指定位置。13中Lupo<Animale>钩织的花边
和绳带装饰部分用刷子整理，使绒毛顺滑。

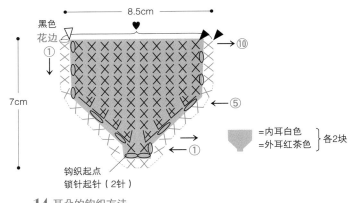

14 内耳·外耳

8.5cm

黑色花边 ①

7cm

→ ⑩

← ⑤

钩织起点 锁针起针（2针）

　　=内耳白色
　　=外耳红茶色 } 各2块

14 耳朵的钩织方法

①编织图的　　部分，内侧用白色线、外耳用红茶色线分别钩织2块。

②步骤①钩织的内耳与外耳正面朝外相对重叠，内耳侧置于内侧，用
黑色钩织1圈花边。

③内侧的♥侧折出褶皱，缝好。

内耳
折叠

13 耳朵　米褐色　2个

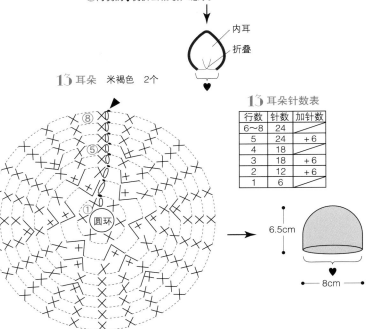

⑧

⑤

①

圆环

6.5cm

8cm

13 耳朵针数表

行数	针数	加针数
6～8	24	
5	24	+6
4	18	
3	18	+6
2	12	+6
1	6	

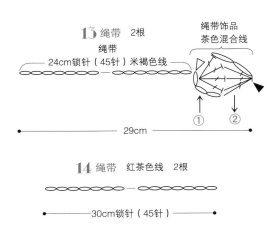

13 绳带　2根

绳带
24cm锁针（45针）米褐色线

绳带饰品 茶色混合线

① ②

29cm

14 绳带　红茶色线　2根

30cm锁针（45针）

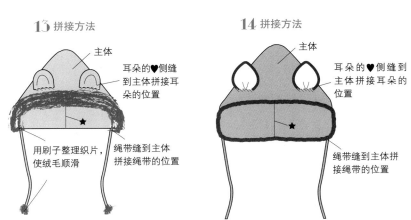

13 拼接方法

主体

耳朵的♥侧缝到主体拼接耳朵的位置

用刷子整理织片使绒毛顺滑

绳带缝到主体拼接绳带的位置

14 拼接方法

主体

耳朵的♥侧缝到主体拼接耳朵的位置

绳带缝到主体拼接绳带的位置

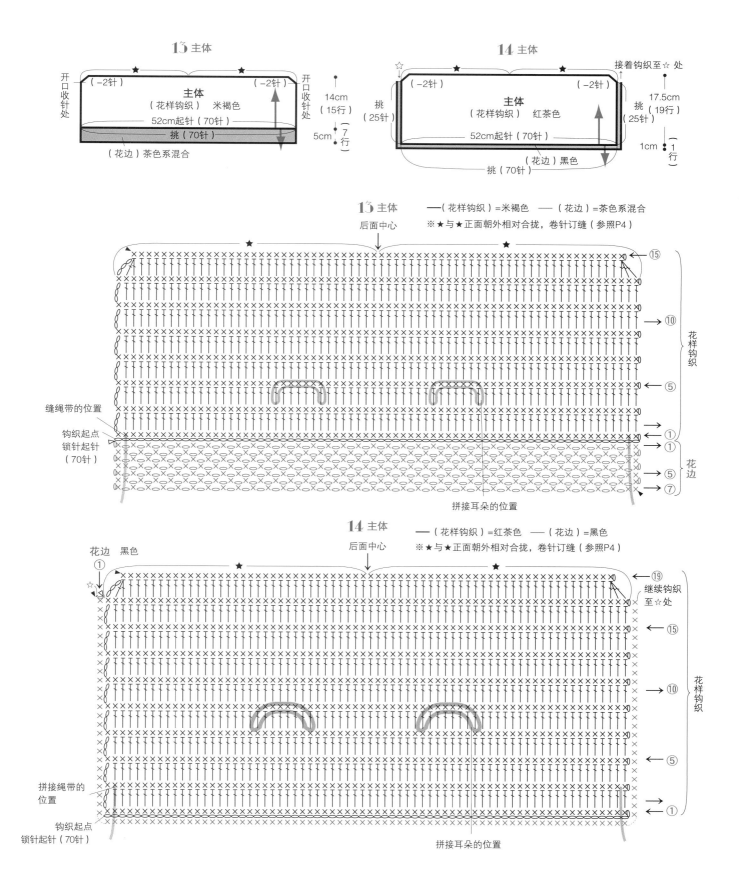

13 主体

（−2针）
主体
（花样钩织）　米褐色
52cm起针（70针）
挑（70针）
（花边）茶色系混合
开口收针处
14cm（15行）
5cm（7行）
（−2针）

14 主体

接着钩织至☆处
（−2针）
主体
（花样钩织）　红茶色
52cm起针（70针）
挑（25针）
挑（70针）
（花边）黑色
挑（25针）
17.5cm（19行）
1cm（1行）

13 主体　　—（花样钩织）＝米褐色　　—（花边）＝茶色系混合
后面中心
※★与★正面朝外相对合拢，卷针订缝（参照P4）

缝绳带的位置
钩织起点
锁针起针（70针）
拼接耳朵的位置
花样钩织
花边
⑮ ⑩ ⑤ ① ① ⑤ ⑦

14 主体　　—（花样钩织）＝红茶色　　—（花边）＝黑色
后面中心
※★与★正面朝外相对合拢，卷针订缝（参照P4）

花边　黑色
①
继续钩织至☆处
拼接绳带的位置
钩织起点
锁针起针（70针）
拼接耳朵的位置
花样钩织
⑲ ⑮ ⑩ ⑤ ①

35

小猫和小熊的背心

编织方法和重点教程……P38、58和P6

设计……河合真弓

制作……栗原由美

16

4岁

15

2岁

男孩女孩均适用的设计
可爱漂亮的小猫和小熊背心
用混合色调的编织线和段染线
表现出微妙的质感

变换编织线的粗细和钩针号数，
钩针出2岁与4岁儿童适用的款式。
钩织两件，让兄弟俩穿着看看吧。

15、16

小猫和小熊的背心

图例和重点教程……P36 & P6

♥ 准备材料

15 Richmore BACARA EPOCH/灰色混合…228g、
bacarapur/黑色…12g 钮扣（直径1.8cm）…5颗

16 Richmore Stame Tweed /米褐系混合色…240g、
Muflone/茶色混合…25g 羊角扣（长4cm）…3颗

♥ 针

15 钩针6/0号

16 钩针7/0号

♥ 标准织片（10cm²）

15 花样钩织 16针×7行

16 花样钩织15针×6.5行

♥ 成品尺寸

15 胸围67.5cm、衣长36.5cm、肩背宽26cm

16 胸围74cm、衣长40cm、肩背宽29cm

※兜帽的钩织方法・16花样B的钩织方法
各部分的钩织方法和拼接方法参照P58、59

15、16 侧边的短针锁针（2针）接缝

※详细参照P4

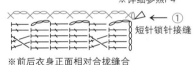

← ① 短针锁针接缝

※前后衣身正面相对合拢缝合

╳・╳ =短针的棱针

╳ =变化长针1针与2针的右上交叉（参照P63）

↗ =渡线（参照P6）

15、16 后身片

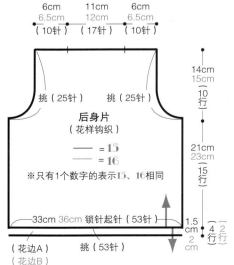

6cm	11cm	6cm
6.5cm	12cm	6.5cm
（10针）	（17针）	（10针）

挑（25针）　　挑（25针）

后身片
（花样钩织）

—— ＝15
—— ＝16

※只有1个数字的表示15、16相同

33cm 36cm 锁针起针（53针）

挑（53针）

（花边A）
（花边B）

14cm
15cm
（10行）

21cm
23cm
（15行）

1.5cm（4行）
2cm（2行）

♥ 钩织方法

（除特殊说明外，15、16的编织方法相同）

※兜帽的钩织方法、16花边B的钩织方法、各部分的钩织、拼接方法参照P58、59

1 钩织后身片：织入53针锁针起针，然后用花样钩织的方法无加减针织入15行。接着在袖口进行减针，同时继续钩织至最终行（参照P6）。

2 钩织右前身片、左前身片：分别钩织27针锁针，按照后身片的要领钩织。

3 订缝肩部、接缝侧边：肩部与前后衣身正面朝外相对合拢，用卷针订缝的方法处理，侧边与前后身片正面相对合拢，用短针锁针（2针）接缝的方处理（参照P4）。

4 钩织兜帽：从前后衣身的领口挑针，中心无加减针继续钩织。钩织完成后，正面朝外中心对折最终行卷针订缝（参照P4）。

5 钩织花边：15先在下摆处钩织花边A，然后按照右前襟→兜帽→左前襟的顺序钩织花边A。16按照右前襟→兜帽→左前领口→下摆的顺序接着钩织花边B，再在左右侧的袖口处分别钩织花边B（花边B第1行的挑针与花边A相同）。

6 钩织耳朵：15钩织外耳和内耳，参照"耳朵的拼接方法"拼接，再缝到兜帽上。16钩织耳朵，缝到兜帽上。

7 缝钮扣：15将钮扣缝到右前襟的指定位置。16钩织钮扣圈，参照"钮扣圈的拼接方法"制作线圈A、B，缝到指定位置。

15、16 后身片

15 灰色系混合　16 米褐色混合

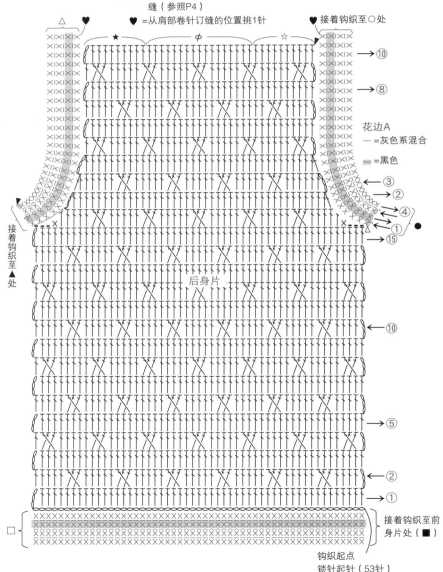

△ ♥
♥ =从肩部卷针订缝的位置挑1针
♥ 接着钩织至〇处

★　φ　☆

→ ⑩
→ ⑧

花边A
—— ＝灰色系混合
━━ ＝黑色

→ ③
→ ②
→ ④
→ ①
→ ⑮
●

☆・★ =前身片的☆与★拼接，卷针订缝（参照P4）

接着钩织至▲处

后身片

→ ⑩
→ ⑤
→ ②
→ ①

接着钩织至前身片处（■）

钩织起点
锁针起针（53针）

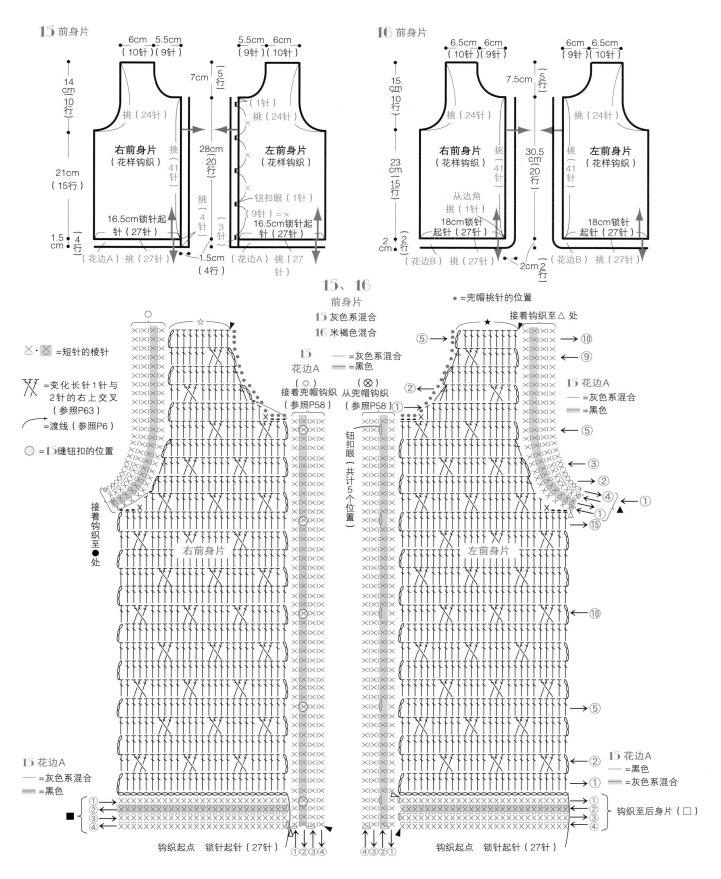

15 前身片

6cm 5.5cm
（10针）（9针）

5.5cm 6cm
（9针）（10针）

14cm
10行

7cm
5行

挑（24针）

（1针）
挑（24针）

右前身片
（花样钩织）

挑
41针

28cm
20行

左前身片
（花样钩织）

21cm
（15行）

钮扣眼（1针）

挑（4针）

挑（3针）

16.5cm锁针起针（27针）

16.5cm锁针起
针（27针）

（9针）=×

1.5cm
4行

（花边A）挑（27针）

1.5cm
（4行）

（花边A）挑（27针）

16 前身片

6.5cm 6cm
（10针）（9针）

6cm 6.5cm
（9针）（10针）

15cm
10行

7.5cm
5行

挑（24针）

挑（24针）

右前身片
（花样钩织）

挑
41针

30.5cm
20行

左前身片
（花样钩织）

23cm
15行

从边角
挑（1针）

18cm锁针
起针（27针）

18cm锁针
起针（27针）

2cm

（花边B）挑（27针）

2cm
2行

（花边B）挑（27针）

15、16
前身片
15 灰色系混合
16 米褐色混合

● =兜帽挑针的位置

15
花边A
——=灰色系混合
▨▨=黑色

接着钩织至△处

××·▨▨=短针的棱针

✕=变化长针1针与
2针的右上交叉
（参照P63）

=渡线（参照P6）

○=15缝钮扣的位置

接着钩织
至●处

（◎）
接着兜帽钩织
（参照P58）

（⊗）
从兜帽钩织
（参照P58）①

钮
扣
眼
（
共
计
5
个
位
置
）

右前身片

左前身片

15 花边A
——=黑色
▨▨=灰色系混合

15 花边A
——=灰色系混合
▨▨=黑色

①
②
③
④

①
②
③
④

钩织至后身片（□）

钩织起点 锁针起针（27针）

钩织起点 锁针起针（27针）

①②③④

④③②①

15 花边A
——=灰色系混合
▨▨=黑色

青蛙和北极熊
的轻柔针织帽

编织方法……P42
设计和制作……Kawaji Yumiko

17

3~4岁

马海毛的轻柔质感，非常舒适。
虽然钩织方法相同，
但加入不同的眼镜或耳朵，
就能变身不同的动物。

18

3~4岁

青蛙的针织帽，
圆溜溜的大眼睛格外鲜艳。
下雨天外出时，
戴上青蛙针织帽，吸引路人的目光。

17、18

青蛙和北极熊的轻柔针织帽

图例……P40

♥ 准备材料

17 和麻纳卡 Fair Lady 50/黄绿…45g、本白…3g、黑色…1g、和麻纳卡 Mohair/黄绿色…15g

18 和麻纳卡 Fair Lady 50/本白…45g、和麻纳卡 Mohair/本白…15g

♥ 针

17、18 钩针5/0号

♥ 标准织片（10cm²）

17.18 花样钩织A 20针×26.5行

花样B　20针×11.5行

♥ 成品尺寸

17、18 头围50cm、深17cm

♥ 钩织方法

（除特殊说明外，**17、18**的编织方法相同）

1 钩织主体：钩织锁针起针99针，引拔成圆环。用花样钩织A的方法织入8行，但第2、4、6、7行每隔2针织入锁针10针的线圈。（参照"花样钩织A的第2、4、6、7行的钩织方法"）。接着，用花样B的方法无加减针钩织至5行，从下一行开始进行减针，钩织至最终行。将钩织终点处的线头穿入缝纫针中，然后从最终行的所有针脚中穿过，收紧（要领与P5"圆球的拼接方法"相同）。

2 钩织花边：花边部分从主体的起针开始挑针，织入4行。

3 钩织各部分，拼接：**17**分别钩织大小眼睛、眼睑。参照"眼睛的拼接方法"，缝到主体。作品**18**钩织耳朵，参照"耳朵的拼接方法"，缝到主体。

17、18 花样钩织B的针数表

行数	针数	减针
14	11	−11
13	22	−11
12	33	−11
11	44	
10	44	−22
9	66	
8	66	−11
7	77	−11
6	88	−11
1~5	99	

17、18 主体

※钩织终点的线头穿入缝纫针中，编织线穿入最终行所有的针脚中，收紧（与P5"圆球的拼接方法"的要领相同）

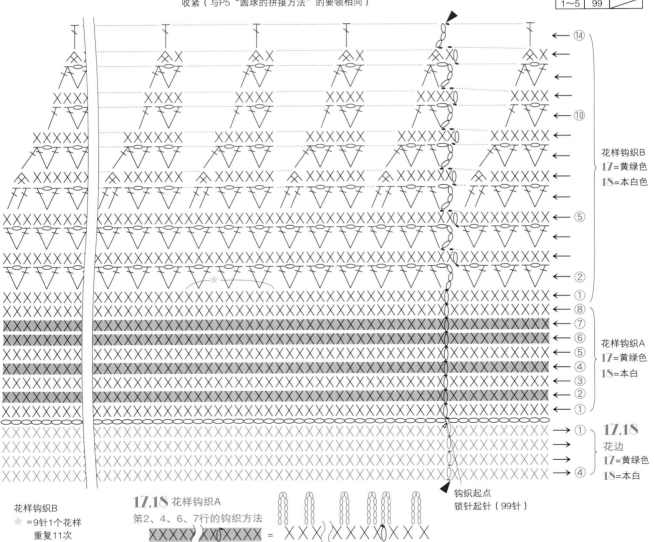

花样钩织B
17=黄绿色
18=本白色

花样钩织A
17=黄绿色
18=本白

17.18
花边
17=黄绿色
18=本白

钩织起点
锁针起针（99针）

花样钩织B
★ =9针1个花样
重复11次

17.18 花样钩织A
第2、4、6、7行的钩织方法
XXXXX〉〈XOXXX = XXX〉〈XXX〉〈XO〉〈XXX
※每隔2针短针织入锁针10针的线圈

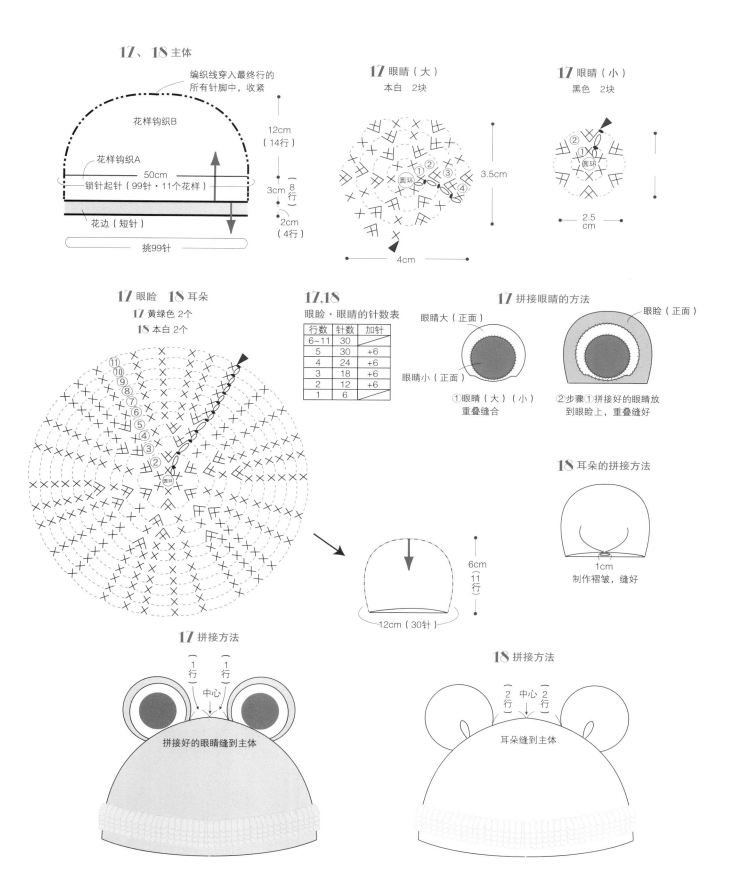

17、18 主体

编织线穿入最终行的
所有针脚中，收紧

花样钩织B

花样钩织A

50cm

锁针起针（99针·11个花样）

花边（短针）

挑99针

12cm
（14行）

3cm（8行）

2cm（4行）

17 眼睛（大）
本白 2块

3.5cm

4cm

圆环 ① ② ③ ④

17 眼睛（小）
黑色 2块

2.5cm

圆环 ① ②

17 眼睑 18 耳朵

17 黄绿色 2个

18 本白 2个

圆环 ② ③ ④ ⑤ ⑥ ⑦ ⑧ ⑨ ⑩ ⑪

17.18
眼睑·眼睛的针数表

行数	针数	加针
6~11	30	
5	30	+6
4	24	+6
3	18	+6
2	12	+6
1	6	

17 拼接眼睛的方法

眼睛大（正面）

眼睑（正面）

眼睛小（正面）

①眼睛（大）（小）
重叠缝合

②步骤①拼接好的眼睛放
到眼睑上，重叠缝好

6cm（11行）

12cm（30针）

18 耳朵的拼接方法

1cm

制作褶皱，缝好

17 拼接方法

（1行）（1行）
中心

拼接好的眼睛缝到主体

18 拼接方法

（2行）中心（2行）

耳朵缝到主体

43

恐龙和斑马的护耳针织帽

编织方法和重点教程
……P46 & **19,20**/ p5、6 **20**/ P7
设计和制作……藤田智子

19

3~4岁

所有男孩都喜欢的
恐龙针织帽。
装扮成恐龙，
一起快乐地玩耍吧!

斑马针织帽的
黑白条纹花样非常时尚，
直立的耳朵逼真可爱。

20 🐱（3~4岁）

密密的鬃毛，
从侧面看也相当帅气！

19、20

恐龙和斑马的护耳针织帽

图例和重点教程……19/P44、20/P45
&19、20/P5，6，20/P7

♥ 准备材料

19 Richmore SPECTRE MODEM/黄色…88g、
Percent/深橙色…16g、黄色…10g

20 奥林巴斯 Three House Leaves/ 本白混合…72g、
灰色混合…67g

♥ 针

19 钩针6/0号、10/0号

20 钩针6/0号、10/0号

♥ 标准织片（10cm²）

19.20 花样钩织A 10针×6.5行

♥ 成品尺寸

19.20 头围49cm、深16.5cm

♥ 钩织方法

（除特殊说明外，19.20的编织方法相同）

1 钩织主体：分别用2股编织线钩织。先进行圆环起针，加针钩织至第4行，然后无加减针钩织第5~10行。20交替各行的配色，继续钩织（参照P7）。

2 钩织护耳：在主体的指定位置接入新线，从主体挑针，然后分别钩织左右护耳。

3 钩织花边：钩织护耳，在主体与护耳周围钩织1圈花边。

4 钩织绳带装饰：长80cm的编织线4根1组，准备3组（一只耳朵3组，左右共6组。）在护耳花边拼接绳带装饰位置的1针短针中，按要领分别拼接1组流苏。拼接好的线束编织成麻花辫（参照P6）。用做左右的护耳。

5 钩织各部分：19分别钩织指定数量的大、中、小号背部装饰（1股线），参照拼接方法完成拼接。20的内耳、外耳（用1股线）、鬃毛的基底（2股线），分别参照各自的钩织方法，拼接到主体。

19、20 绳带装饰的钩织方法

19=黄绿色 4根1组共6组

20=灰色混合2根本白混合2根
　　4根1组共6组

① 长80cm的编织线4根1组，各准备3组（一只耳朵3组，左右共6组）。

② 在护耳花边拼接绳带装饰位置的1针短针中，按要领分别拼接1组流苏。

③ 用拼接好的线束编织成麻花辫（参照P6 "麻花辫的编织方法"）。用做左右的护耳。

19、20 主体·护耳·花边

19 ＝黄绿色的2股线 10/0号

20 ＝灰色混合的2股线
　　 ＝本白混合的2股线 ｝10/0号

※配色线的替换方法参照P7

护耳　护耳

前面中央
钩织至
☆处

花边　后面中心

←① 　←①　☆←①
　　　　←①　←⑩
　　　←②
主体
←⑥
←⑤

●=拼接绳带装饰的位置

□=20拼接鬃毛的位置（长针的正拉针）
后面的6行→至前面的5行

□=20拼接耳朵的位置

19、20
※2股线

15.5cm
（10行）

主体
（花样钩织A）
10/0号
49cm（48针）
（11针）
（16针）　挑（10针）
（9针）

8.5cm
（7行）

护耳
（花样钩织B）
（3针）

圆环
④③②①

19.20 花边
（短针）
19=黄绿色
20=本白混合
※2股线
10/0号

1cm
1行
挑（16针）　挑（10针）
挑（21针）

46

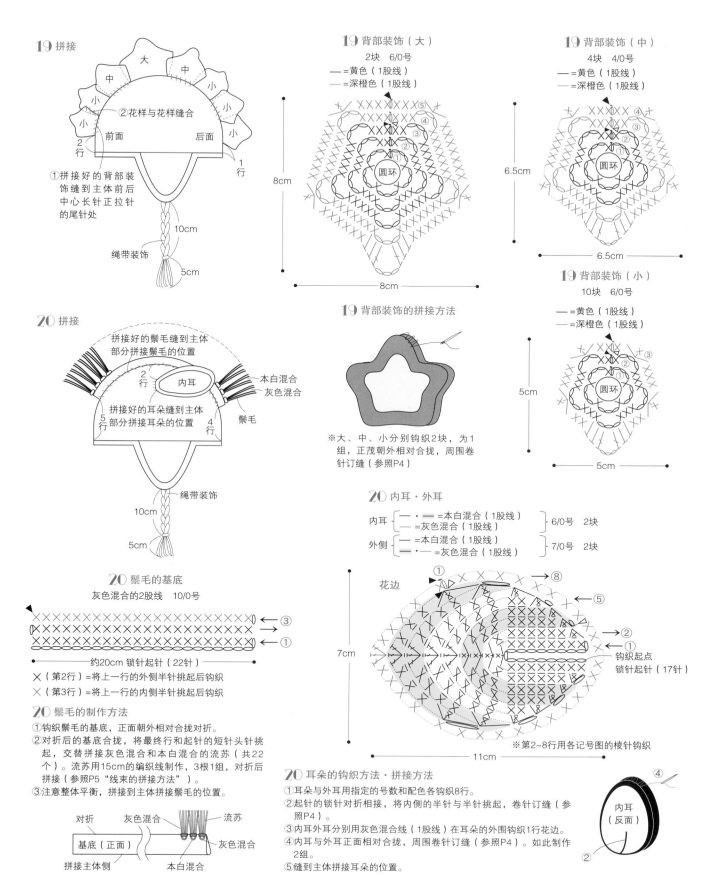

19 拼接

大 中 小

②花样与花样缝合

前面　后面

2行　1行

①拼接好的背部装饰缝到主体前后中心长针正拉针的尾针处

10cm

绳带装饰

5cm

19 背部装饰（大）
2块　6/0号
—=黄色（1股线）
—=深橙色（1股线）
圆环
8cm　　8cm

19 背部装饰（中）
4块　4/0号
—=黄色（1股线）
—=深橙色（1股线）
圆环
6.5cm　　6.5cm

19 背部装饰（小）
10块　6/0号
—=黄色（1股线）
—=深橙色（1股线）
圆环
5cm　　5cm

19 背部装饰的拼接方法

※大、中、小分别钩织2块，为1组，正茂朝外相对合拢，周围卷针订缝（参照P4）。

20 拼接

拼接好的鬃毛缝到主体部分拼接鬃毛的位置

2行

内耳

本白混合　灰色混合

鬃毛

拼接好的耳朵缝到主体部分拼接耳朵的位置

5行　4行

绳带装饰

10cm

5cm

20 内耳·外耳

内耳 {—·—=本白混合（1股线）　—=灰色混合（1股线）} 6/0号 2块
外侧 {—=本白混合（1股线）　—·—=灰色混合（1股线）} 7/0号 2块

花边

7cm　　11cm

钩织起点 锁针起针（17针）

※第2~8行用各记号图的棱针钩织

20 鬃毛的基底
灰色混合的2股线　10/0号

约20cm 锁针起针（22针）

×（第2行）=将上一行的外侧半针挑起后钩织
×（第3行）=将上一行的内侧半针挑起后钩织

20 鬃毛的制作方法
①钩织鬃毛的基底，正面朝外相对合拢对折。
②对折后的基底合拢，将最终行和起针的短针头针挑起，交替拼接灰色混合和本白混合的流苏（共22个）。流苏用15cm的编织线制作，3根1组，对折后拼接（参照P5"线束的拼接方法"）。
③注意整体平衡，拼接到主体拼接鬃毛的位置。

对折　灰色混合　流苏
基底（正面）
灰色混合
拼接主体侧　本白混合

20 耳朵的钩织方法·拼接方法
①耳朵与外耳用指定的号数和配色各钩织8行。
②起针的锁针对折相接，将内侧的半针与半针挑起，卷针订缝（参照P4）。
③内耳外耳分别用灰色混合线（1股线）在耳朵的外围钩织1行花边。
④内耳与外耳正面相对合拢，周围卷针订缝（参照P4）。如此制作2组。
⑤缝到主体拼接耳朵的位置。

内耳（反面）

阿伦花样的猫耳针织帽

编织方法和重点教程……P50和P7
设计和制作……镰田惠美子

阿伦花样成熟漂亮，
猫耳针织帽适合
时尚好看的宝宝们.

21
3~4岁

22
3~4岁

百搭的猫耳针织帽，
适合日常使用。

21、22

阿伦花样的猫耳针织帽

图例和重点教程……P48 & P7

♥ 准备材料

21 Richmore SPECTRE MODEM<Fine>/灰色……76g

22 Richmore SPECTRE MODEM<Fine>/米褐色……76g

♥ 针

21、22 钩针6/0号

♥ 标准织片（10cm²）

21、22 花样钩织 17.5针×14行

♥ 成品尺寸

21、22 头围46cm、深15cm

♥ 钩织方法

（21、22的钩织方法相同）

1 钩织主体：织入80针锁针起针，引拔成环形。环形钩织至第3行，每行都是看着正面钩织，第4行以后用往复钩织的方法继续钩织（参照P7）。

2 钩织耳朵：接入新线，左右分开钩织耳朵。

3 拼接：头部■部分正面朝外对齐相接，卷针订缝（参照P4）。

21、22 主体·耳朵

※☆、★、◎接着P51的☆、★、◎钩织

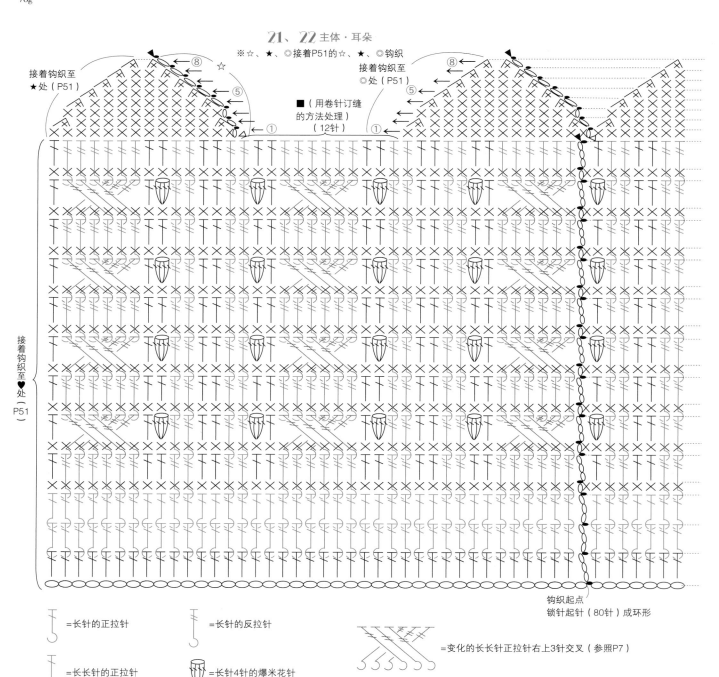

接着钩织至★处（P51）

接着钩织至◎处（P51）

接着钩织至♥处（P51）

■（用卷针订缝的方法处理）（12针）

■（用卷针订缝的方法处理）（12针）

钩织起点
锁针起针（80针）成环形

= 长针的正拉针

= 长针的反拉针

= 长长针的正拉针

= 长针4针的爆米花针

= 变化的长长针正拉针右上3针交叉（参照P7）

50

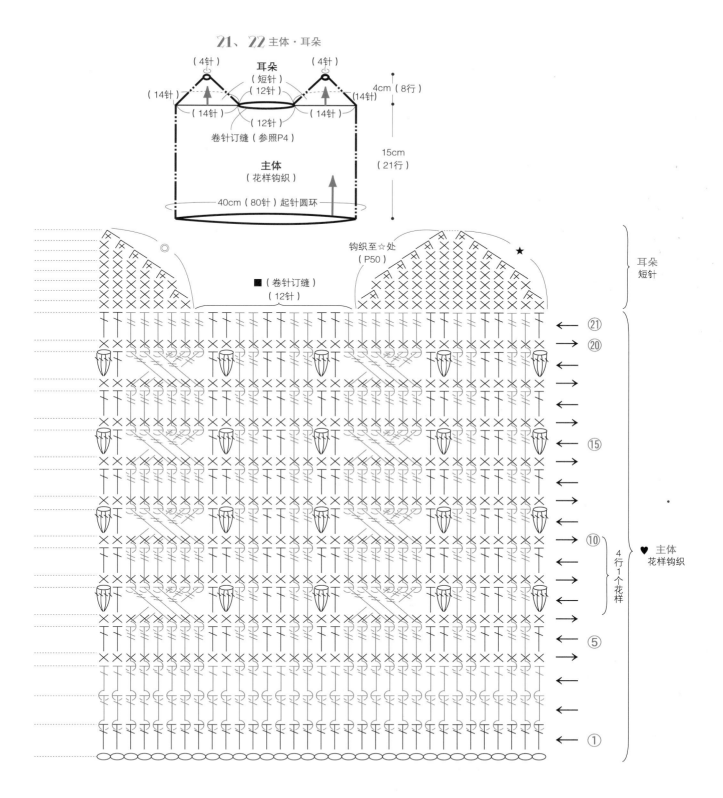

21、22 主体・耳朵

耳朵
（短针）

（4针）　（12针）　（4针）

（14针）　　　　　　　　（14针）　4cm（8行）

（14针）　　　　　　　　（14针）

（12针）

卷针订缝（参照P4）

主体
（花样钩织）　15cm（21行）

40cm（80针）起针圆环

钩织至☆处
（P50）

■（卷针订缝）
（12针）

耳朵
短针

⟵ ㉑
⟶ ⑳

⟵ ⑮

⟵ ⑩　4行1个花样

⟵ ⑤

⟵ ①

♥ 主体
花样钩织

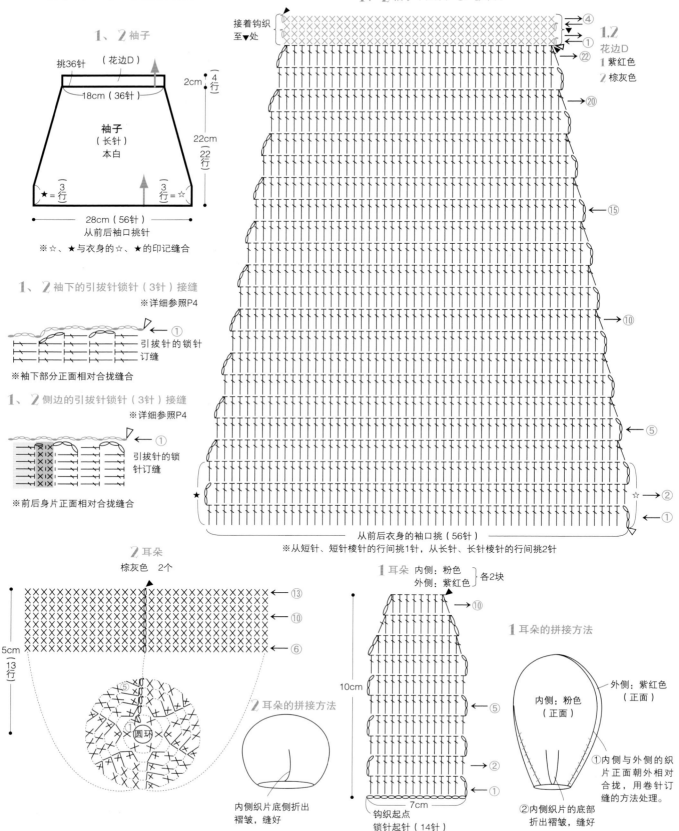

※接1、2（P10、11）的钩织方法

1、2袖子

挑36针　（花边D）

18cm（36针）

袖子
（长针）
本白

2cm {4行}

22cm {22行}

★ = 3行　3行 = ☆

28cm（56针）
从前后袖口挑针

※☆、★与衣身的☆、★的印记缝合

1、2袖下的引拔针锁针（3针）接缝
※详细参照P4

引拔针的锁针
订缝

※袖下部分正面相对合拢缝合

1、2侧边的引拔针锁针（3针）接缝
※详细参照P4

引拔针的锁针订缝

※前后身片正面相对合拢缝合

1、2袖子（长针）1、2本白

接着钩织
至▼处

④
1.2
花边D
① ①
② 22
1 紫红色
2 棕灰色

20

15

10

5

★　② ☆
①

从前后衣身的袖口挑（56针）
※从短针、短针棱针的行间挑1针，从长针、长针棱针的行间挑2针

2耳朵
棕灰色　2个

13
10
6

5cm {13行}

圆环

1耳朵　内侧：粉色　外侧：紫红色　各2块

10
5
2
①

10cm

7cm
钩织起点
锁针起针（14针）

2耳朵的拼接方法

内侧织片底侧折出
褶皱，缝好

1耳朵的拼接方法

外侧：紫红色
（正面）

内侧：粉色
（正面）

①内侧与外侧的织
片正面朝外相对
合拢，用卷针订
缝的方法处理。

②内侧织片的底部
折出褶皱，缝好

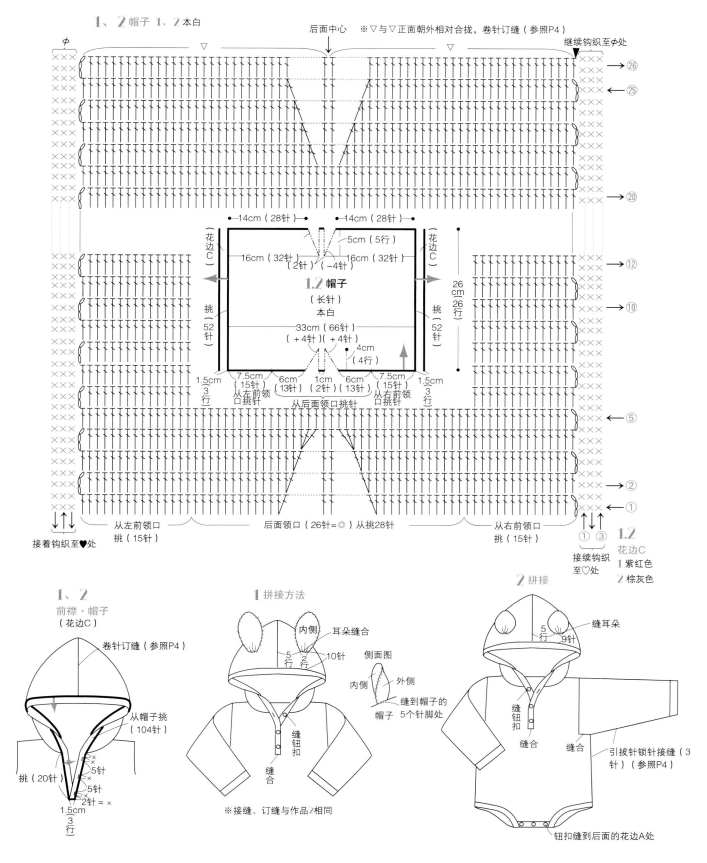

1、*2* 帽子 *1*、*2* 本白

后面中心 ※▽与▽正面朝外相对合拢，卷针订缝（参照P4）

继续钩织至φ处

14cm（28针）   14cm（28针）

5cm（5行）

16cm（32针）   16cm（32针）
（2针）（−4针）

（花边C）（花边C）

1.2 帽子
（长针）
本白

挑（52针）   挑（52针）

33cm（66针）
（+4针）（+4针）

26cm（26行）

4cm（4行）

1.5cm 3行   1.5cm 3行

7.5cm（15针）   6cm（13针） 1cm（2针） 6cm（13针）   7.5cm（15针）

从左前领口挑针   从后面领口挑针   从右前领口挑针

㉖ ㉕ ⑳ ⑫ ⑩ ⑤ ② ①

接着钩织至♥处

从左前领口挑（15针）   后面领口（26针=◎）从挑28针   从右前领口挑（15针）

① ③

接续钩织至♥处

1.2 花边C
1 紫红色
2 棕灰色

1、*2*
前襟·帽子
（花边C）

卷针订缝（参照P4）

从帽子挑（104针）

挑（20针）

× 5针
× 5针
× 2针 = ×

1.5cm 3行

---

1 拼接方法

内侧   耳朵缝合

5行 2针 10针

缝钮扣

缝合

※接缝、订缝与作品*2*相同

侧面图

内侧   外侧

缝到帽子的5个针脚处

---

2 拼接

5行 9针   缝耳朵

缝钮扣

缝合   缝合

引拔针锁针接缝（3针）（参照P4）

钮扣缝到后面的花边A处

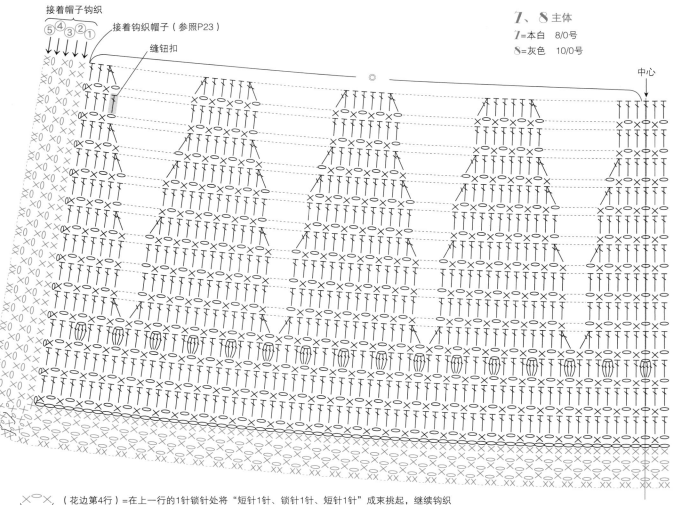

※接7、8（P22、23）的钩织方法

接着帽子钩织
⑤④③②①

接着钩织帽子（参照P23）

缝钮扣

7、8 主体
7=本白 8/0号
8=灰色 10/0号

中心

✕✕ ◯ （花边第4行）=在上一行的1针锁针处将"短针1针、锁针1针、短针1针"成束挑起，继续钩织

✕✕ （花边第5行）=在上一行的1针锁针处将2针锁针成束挑起钩织

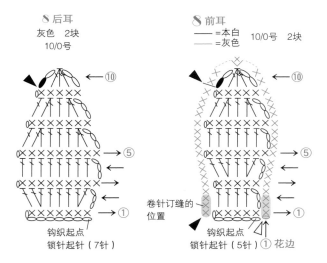

8 后耳
灰色 2块
10/0号

←⑩

→⑤

→①

钩织起点
锁针起针（7针）

8 前耳
—— =本白 10/0号 2块
—— =灰色

←⑩

→⑤

→①

卷针订缝的
位置

钩织起点
锁针起针（5针）①花边

8 拼接耳朵的方法

11.5cm
6cm
1.5cm

①花边的3针短针与3针短针（ —— ）
从内侧卷号相接，然后将短针的头
针内侧半针挑起，卷针订缝（参照
P4）。

②步骤①拼接的2组耳朵相接，拼接耳
朵的底部内侧约1.5cm缝合。此时
织片具有一定厚度，可分成前后耳
朵缝合。

耳朵的钩织方法
①钩织后耳。
②钩织前耳的本白部分
③后耳与前耳正面朝外相对合拢，看着前
耳的内侧，2块一起挑针，用灰色线钩
织1行，两块缝合。如此制作2组。

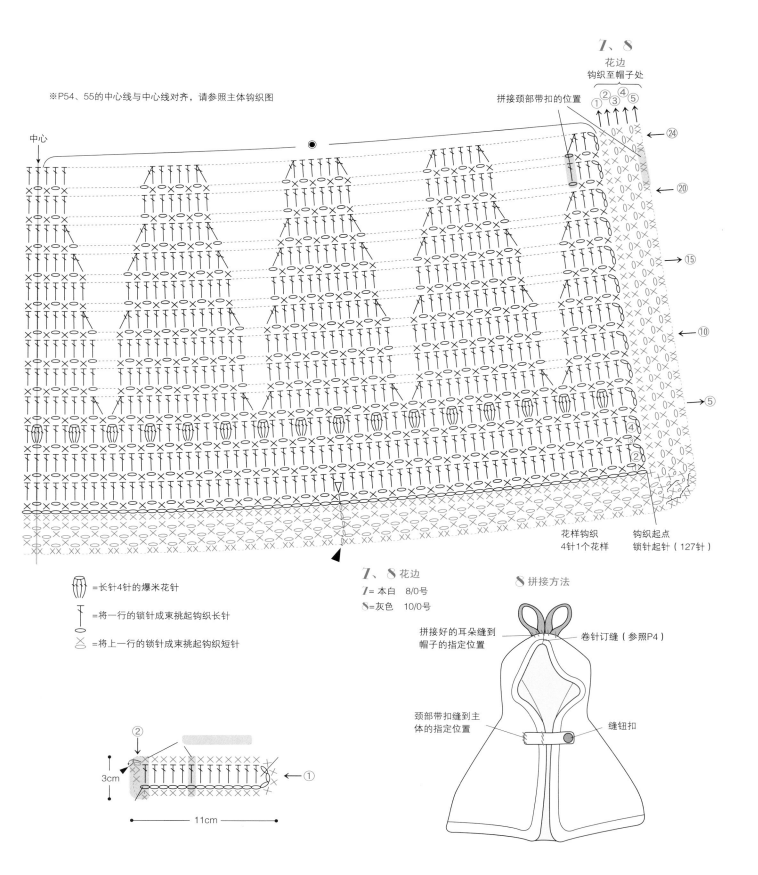

※P54、55的中心线与中心线对齐，请参照主体钩织图

中心

7、8
花边
钩织至帽子处

拼接颈部带扣的位置

①②③④⑤

← ㉔
← ⑳
← ⑮
← ⑩
← ⑤
④
②

花样钩织
4针1个花样

钩织起点
锁针起针（127针）

=长针4针的爆米花针

=将一行的锁针成束挑起钩织长针

=将上一行的锁针成束挑起钩织短针

7、8 花边
7= 本白　8/0号
8= 灰色　10/0号

②
3cm
11cm
← ①

8 拼接方法

拼接好的耳朵缝到
帽子的指定位置

卷针订缝（参照P4）

颈部带扣缝到主
体的指定位置

缝纽扣

55

《本书用线的介绍》

*图片为实物大

1
2
3
4
5
6
7
8
9
10
11
12
13
14
15
16
17
18
19
20
21
22

＊ **1~22**左起表示品质→规格→线长→颜色数→适合针。
＊ 颜色数为2014年9月的介绍。
＊ 印刷物可能存在色差。

奥林奥斯制线（株式会社）...............

1 Milky Kids
羊毛60%、腈纶40% / 每卷40g / 约98m / 13色钩针5/0~6/0号

2 MakeMake Cocotte
羊毛100%（内含美利奴羊毛50%）/ 每卷25g / 约65m / 16色 / 钩针6/0~7/0号

3 MakeMake Whip
羊毛90%（美利奴＆安哥拉羊毛）、腈纶10% / 每卷25g / 约50m / 10色 / 钩针7/0~8/0号

4 MakeMake Nature
羊毛90%（美利奴）、腈纶10% / 每卷25g / 约50m / 10色 / 钩针8/0~10/0号

5 Three house Leaves
羊毛80%（美利奴）、羊驼毛20%（幼崽羊毛）/ 每卷40g / 约72m / 11色 / 钩针7/0~8/0号

和麻纳卡（株式会社）........................

6 Fourply
腈纶65%、羊毛35%（美利奴）/ 每卷50g / 约205m / 24色 / 钩针3/0号

7 和麻纳卡Mohair
腈纶65%、羊毛35% / 每卷25g / 约100m / 35色 / 钩针4/0号

8 Fair Lady 50
羊毛70%（使用经过防缩水加工的羊毛）、腈纶30% / 每卷40g / 约100m / 47色 / 钩针5/0号

9 Amerry
羊毛70%（新西兰美利奴）、腈纶30% / 每卷40g / 约110m / 24色 / 钩针5/0~6/0号

10 Warmy
羊毛60%、腈纶40% / 每卷40g / 约80m / 13色 / 钩针7/0号

11 Lunamole
涤纶100% / 每卷50g / 约70m / 12色 / 钩针7/0号

12 Alan Tweed
羊毛90%、羊驼毛10% / 每卷40g / 约82m / 13色 / 钩针8/0号

13 Mens Club Master
羊毛60%（使用经过防缩加工的羊毛）、腈纶40% / 每卷50g / 约75m / 32色 / 钩针10/0号

14 Lupo<Animale>
人造纤维65%、涤纶35% / 每卷40g / 约38m / 5色 / 钩针10/0号

和麻纳卡（株式会社）Richmore 营业部

15 Percent
纯毛100% / 40g / 约120m / 100色 / 钩针5/0~6/0号

16 SPECTRE MODEM
纯毛100% / 40g / 约80m / 50色 / 钩针10/0号（2股线）

17 SPECTRE MODEM<Fine>
纯毛100% / 40g / 约95cm / 30色 / 钩针6/0号

18 Bacarapur
纯毛90%（羊毛33%、羊毛33%、马海毛24%）、尼龙10% / 40g / 约80m / 14色 / 钩针6/0号

19 BACARA EPOCH
纯毛90%（羊驼毛33%、羊毛33%、马海毛24%）、尼龙10% / 40g / 约80m / 17色 / 钩针6/0号

20 Stame
纯毛70%（美利奴50%、羊驼毛20%）、腈纶30% / 50g / 约100m / 14色 / 钩针7/0号~8/0号

21 Stame Tweed
纯毛70%（美利奴50%、羊驼毛20%）、腈纶30% / 50g / 约100m / 13色 / 钩针7/0号~8/0号

22 Muflone
纯毛62%（Kid Mohair）、尼龙38% / 40g / 约70m / 8色 / 钩针7/0号

※接15、16（P38、39）的钩织方法

15、16 兜帽

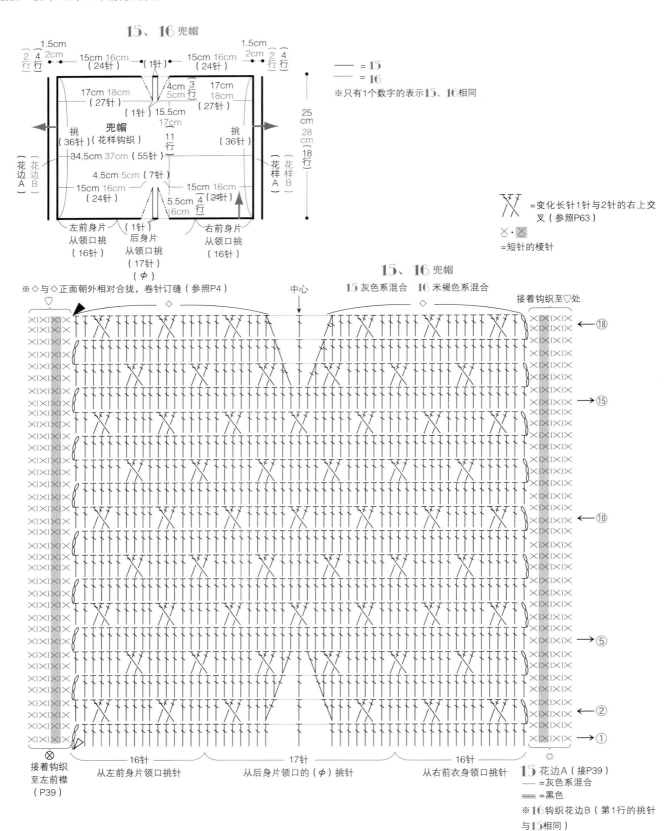

—— = 15
—— = 16
※只有1个数字的表示15、16相同

=变化长针1针与2针的右上交叉（参照P63）

⊠·⊠
=短针的棱针

15、16 兜帽

15 灰色系混合　16 米褐色系混合

※◇与◇正面朝外相对合拢，卷针订缝（参照P4）

中心

接着钩织至♡处

⑱
⑮
⑩
⑤
②
①

接着钩织至左前襟（P39）

16针　从左前身片领口挑针
17针　从后身片领口的（φ）挑针
16针　从右前衣身领口挑针

15 花边A（接P39）
—— =灰色系混合
—— =黑色
※16钩织花边B（第1行的挑针与15相同）

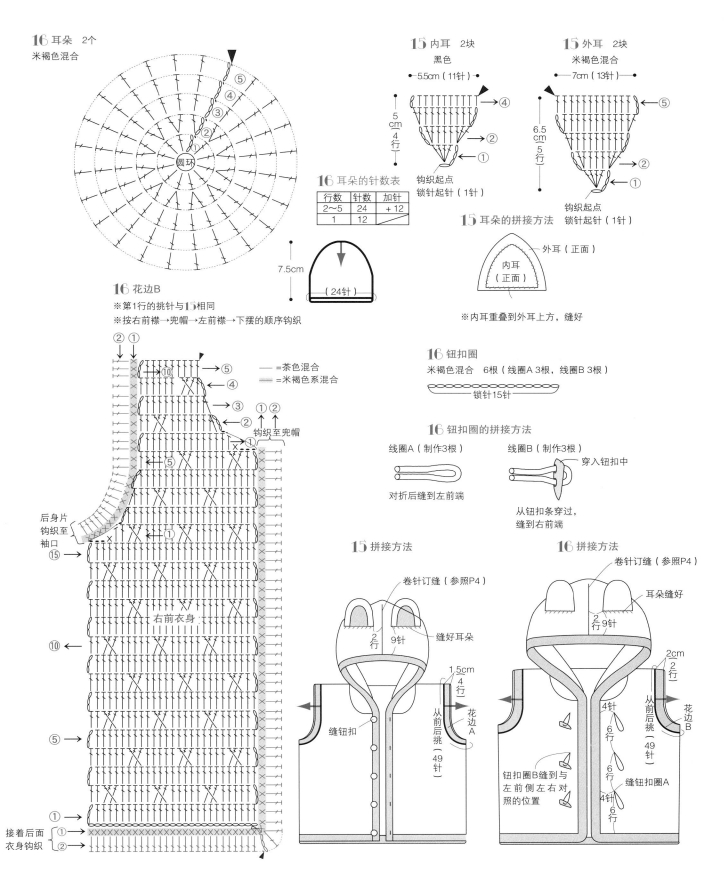

16 耳朵 2个
米褐色混合

15 内耳 2块
黑色
←5.5cm（11针）→

15 外耳 2块
米褐色混合
←7cm（13针）→

16 耳朵的针数表

行数	针数	加针
2～5	24	+12
1	12	

7.5cm

（24针）

钩织起点
锁针起针（1针）

钩织起点
锁针起针（1针）

15 耳朵的拼接方法

外耳（正面）
内耳（正面）

※内耳重叠到外耳上方，缝好

16 花边B
※第1行的挑针与15相同
※按右前襟→兜帽→左前襟→下摆的顺序钩织

— =茶色混合
▨ =米褐色系混合

钩织至兜帽

后身片
钩织至
袖口
⑮

右前衣身

接着后面
衣身钩织

16 钮扣圈
米褐色混合 6根（线圈A 3根，线圈B 3根）
锁针15针

16 钮扣圈的拼接方法
线圈A（制作3根）
对折后缝到左前端

线圈B（制作3根）
穿入钮扣中
从钮扣条穿过，
缝到右前端

15 拼接方法
卷针订缝（参照P4）
缝好耳朵
2行 9针
1.5cm 4行
缝钮扣
从前后挑（49针）
花边A

16 拼接方法
卷针订缝（参照P4）
耳朵缝好
2行 9针
2cm（2行）
4针 6行
6针 6行
钮扣圈B缝到与
左前侧左右对
照的位置
缝钮扣圈A
4针 6行
从前后挑（49针）
花边B

59

钩针钩织的基础

* 符号图的看法

根据日本工业规格（JIS），所有的符号表示的都是编织物表面的状况。
钩针编织没有正面和反面的区别（拉针除外）。交替看正反面进行平针编织
时也用相同的符号表示。

从中心开始
环形编织

在中心处做环（或者锁针针脚），像画圆一样逐行钩织。每行以起立针开始编织。通常情况下是正面向上，看着记号图由右向左织。

▼=断线

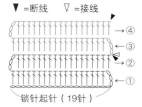

▼=断线 ▽=接线

锁针起针（19针）

织平针时

特点是左右两边都有起立针，右侧织好起立针将正面向上，看着记号图由右向左织。左侧织好起立针背面向上，看着记号图由左向右织。

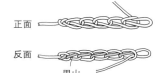

正面
反面
里山

锁针的看法

锁针有正反之分。
反面中央的一根线成为锁针的"里山"。

* 线和针的拿法

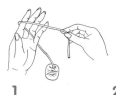

1 将线从左手的小指和无名指间穿过，绕过食指，线头拉到内侧。

2 用拇指和中指捏住线头，食指挑起，将线拉紧。

3 用拇指和食指握住针，中指轻放到针头。

* 起针的方法

1 针从线的外侧插入，调转针头。

2 然后在针尖挂线。

3 钩针从圆环中穿过，再在内侧引拔穿出线圈。

4 拉动线头，收紧针脚，最初的针脚完成（这针并不算做第1针）。

* 起针

从中心开始钩织圆环时（用线头制作圆环）

1 将线在左手食指上绕两圈，使之成环状。

2 从手指上脱下已缠好的线圈，将针穿过线圈，把线钩到前面。

3 在针上挂线，将线拉出，钩织起立针的锁针。

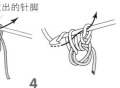

拉出的针脚

4 织第1行，在线圈中心入针，织需要的针数。

5 将针抽出，将最开始的线圈的线和线头抽出，收紧线圈。

6 在第1行结束时，在最开始的短针开头入针，将线拉出。

从中心开始钩织圆环时（用锁针做圆环）

1 织入必要数目锁针，然后把钩针插入最初锁针的半针中引拔钩织。

2 针尖挂线后引拔抽出线，钩织立起的锁针。

3 钩织第1行时，将钩针插入圆环中心，然后将锁针成束挑起，再织入必要数目的短针。

4 第1行末尾时，钩针插入最初短针的头针中，挂线后引拔钩织。

平针钩织时

1 织入必要数目的锁针和立起的锁针，在从头数的第2针锁针中插入钩针。

1针立起的锁针

2 针尖挂线后再引拔抽出线。

3 第1行钩织完成后如图。（立起的1针锁针不算做1针）

* 将上一行针脚挑起的方法

即便是同样的枣形针，根据不同的记号图，挑针的方法也不相同。记号图的下方封闭时表示在上一行的同一个针脚中钩织，记号图的下方合开时表示将上一行的锁针成束挑起钩织。

在同一针脚中钩织

1

2

将锁针成束挑起后钩织

1

2

*针法符号 ─────────────────────────────

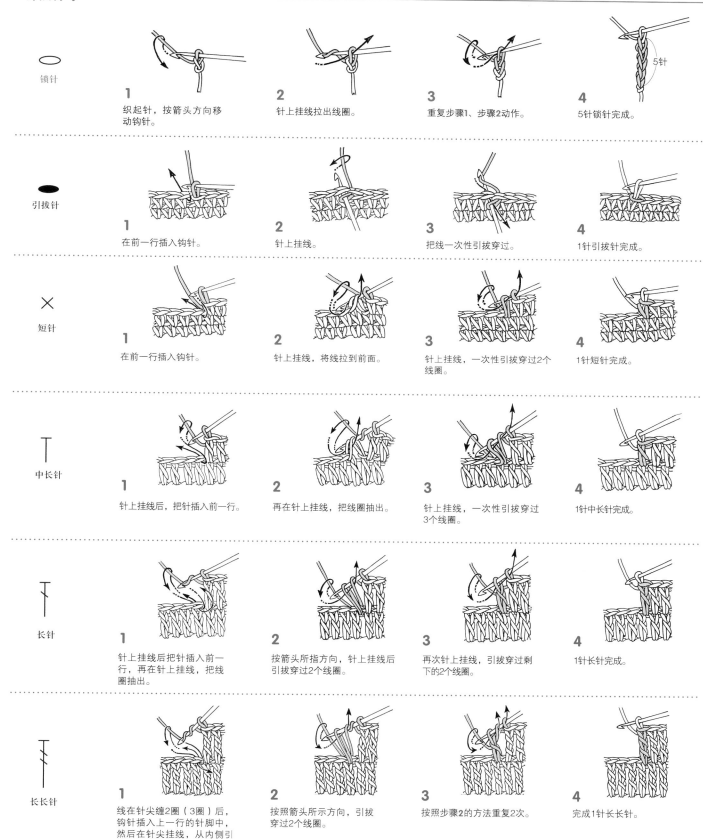

锁针

1
织起针，按箭头方向移动钩针。

2
针上挂线拉出线圈。

3
重复步骤1、步骤2动作。

4
5针锁针完成。

5针

引拔针

1
在前一行插入钩针。

2
针上挂线。

3
把线一次性引拔穿过。

4
1针引拔针完成。

短针

1
在前一行插入钩针。

2
针上挂线，将线拉到前面。

3
针上挂线，一次性引拔穿过2个线圈。

4
1针短针完成。

中长针

1
针上挂线后，把针插入前一行。

2
再在针上挂线，把线圈抽出。

3
针上挂线，一次性引拔穿过3个线圈。

4
1针中长针完成。

长针

1
针上挂线后把针插入前一行，再在针上挂线，把线圈抽出。

2
按箭头所指方向，针上挂线后引拔穿过2个线圈。

3
再次针上挂线，引拔穿过剩下的2个线圈。

4
1针长针完成。

长长针

1
线在针尖缠2圈（3圈）后，钩针插入上一行的针脚中，然后在针尖挂线，从内侧引拔穿过线圈。

2
按照箭头所示方向，引拔穿过2个线圈。

3
按照步骤2的方法重复2次。

4
完成1针长长针。

短针2针并1针

1 按照箭头所示,将钩针插入上一行的1个针脚中,引拔穿过线圈。

2 下一针也按同样的方法引拔穿过线圈。

3 针尖挂线,引拔穿过3个线圈。

4 短针2针并1针完成,呈比上一行少1针的状态。

 短针1针分2针

1 钩织1针短针。

2 钩针插入同一针脚中,引拔穿过线圈。

3 钩织完2针短针后如图。再在同一针脚中织入1针短针。

4 在上一行的1个针脚中织入了3针短针(呈加2针的状态)。

 短针1针分3针

1 织1针短针。

2 同一针处入针,抽出线圈后,再织短针。

3 同一针处再织短针。

4 图中上一行1针处分出3针。比上一行增加2针。

 长针2针并1针

   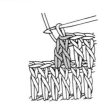

1 在上一行1针处织未完成长针,1针按箭头所示,将钩针插入下一针脚中,抽出毛线。

2 针上挂线,一次性引拔穿过2个线圈,织第2针未完成长针。

3 针上挂线,一次性引拔穿过3个线圈。

4 长针2针并1针完成。比前一行减少1针。

 长针1针分2针

   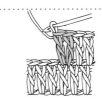

1 织1针长针,同一针处再织1针长针。

2 针上挂线,引拔穿过2个线圈。

3 再针上挂线,引拔穿过剩下的2个线圈。

4 图中1针处织了2针长针。比前一行增加1针。

 长针5针的爆米花针

1 在上一行的同一针脚中织入5针长针,然后暂时取出钩针,然后再按照箭头所示插入。

2 按照箭头所示从内侧引拔钩织针尖的针脚。

3 再钩织1针锁针,拉紧。

4 完成长针5针的爆米花针。

短针的棱针

※此处以"短针"为例进行解说，但是其它情况下，"短针"也可换成指定的针法记号，用同样的方法钩织。

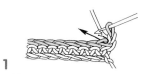

1 如箭头所示，在上一行外侧半针处将钩针插入。

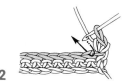

2 织短针，再按同样的方法将钩针插入下一针脚外侧的半针中。

3 织到顶端后，变换织片的方向。

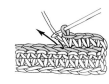

4 与步骤1、2相同，在上一行外侧半针处将钩针插入，织短针。

变化长针1针与2针的右上交叉

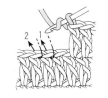

1 针上挂线，跳过1针，按箭头所示插入钩针，织入2针长针。

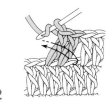

2 针上挂线，将钩针插入步骤1跳过的针脚中。

3 针上挂线，将之前钩织的长针从内侧引拔抽出，织入长针。

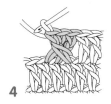

4 变化的长针1针与2针右上交叉完成。

长针的正拉针

※用往复钩织的方法看着织片反面，织入反拉针。
※除长针以外的正拉针均是按同样的要领将钩针插入步骤1箭头所示针脚中，钩织记号表示的针脚。

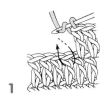

1 针尖挂线，按箭头所示从正面将钩针插入上一行长针的尾针中。

2 针尖挂线，拉长编织线。

3 再次在针尖挂线，引拔穿过两个线圈。同样的动作重复1次。

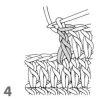

4 完成1针长针的正拉针。

长针的反拉针

※用往复钩织的方法看着织片反面，织入正拉针。
※除长针以外的反拉针均是按同样的要领将钩针插入步骤1箭头所示针脚中，钩织记号表示的针脚。

1 针尖挂线，按箭头所示从反面将钩针插入上一行长针的尾针中。

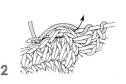

2 针尖挂线，拉长编织线。

3 再次在针尖挂线，引拔穿过两个线圈。同样的动作重复1次。

4 完成1针长针的反拉针。

双罗纹线绳的钩织方法

线头

1 留出长约成品尺寸3倍的线头，织入最初的针脚（参照P60）。

2 剩余的线头从内侧挂到外侧，另一侧的编织挂到钩针上，引拔抽出。

3 重复步骤2，织入必要的针数。

4 钩织终点处的线头无需挂到钩针上，只需将编织线挂好，引拔抽出。

其他基础技巧索引

TITLE: ［3日でカンタン！かぎ針編み 子供も大好き！アニマルキャップ＆ウエア］

BY: ［E&G CREATES CO.,LTD.］

Copyright © E&G CREATES CO.,LTD., 2014

Original Japanese language edition published by E&G CREATES CO.,LTD.

All rights reserved. No part of this book may be reproduced in any form without the written permission of the publisher.

Chinese translation rights arranged with E&G CREATES CO.,LTD.

Tokyo through Nippon Shuppan Hanbai Inc.

图书在版编目（CIP）数据

超可爱的动物造型帽 / 日本美创出版编著；何凝一译 . -- 石家庄 : 河北科学技术出版社 , 2015.11

ISBN 978-7-5375-8068-7

Ⅰ . ①超… Ⅱ . ①日… ②何… Ⅲ . ①帽 – 绒线 – 编织 – 图集 Ⅳ . ① TS941.763.8–64

中国版本图书馆 CIP 数据核字 (2015) 第 254834 号

超可爱的动物造型帽

日本美创出版　编著　　何凝一　译

策划制作：北京书锦缘咨询有限公司（www.booklink.com.cn）

总 策 划：陈　庆

策　　划：陈　辉

责任编辑：杜小莉

设计制作：王　青

出版发行　河北科学技术出版社

地　　址　石家庄市友谊北大街 330 号（邮编：050061）

印　　刷　天津市蓟县宏图印务有限公司

经　　销　全国新华书店

成品尺寸　210mm × 260mm

印　　张　4

字　　数　28 千字

版　　次　2016 年 1 月第 1 版
　　　　　2016 年 1 月第 1 次印刷

定　　价　29.80 元